安徽理工大学引进人才科研启动基金（2021yjrc37）资助
安徽省高等学校科学研究项目（2022AH050830）资助

基于深度学习的双目视觉立体图像感知研究

张亚茹◎著

中国矿业大学出版社
·徐州·

内容提要

本书为科学技术著作，以双摄像头成像系统为研究对象，基于立体图像对的图像特点和视差范围的差异，主要从如何有效利用立体图像对的互补信息、增强视图间的信息交流和如何处理病态区域与提高网络的预测视差精度两个方面进行了研究。在立体超分辨率方面，构建了同向金字塔残差模块和可形变视差注意力模块，丰富了左右两个视角的图像表征，增强了立体一致性约束。在立体匹配方面，构建了3D注意力聚合编解码代价聚合网络、双引导式立体视差估计网络、多维注意力特征聚合立体匹配算法，在学习推理过程中进一步交互有用信息，提高了视差估计的准确性。研究成果不仅可以获得精确的超分辨率图像和预测视差图像，而且可为基于深度学习的双目视觉立体图像感知研究提供重要的理论支撑和新思路，具有理论价值和现实意义。

本书可供人工智能、计算机科学与技术及其相关专业的科研与工程技术人员参考。

图书在版编目(CIP)数据

基于深度学习的双目视觉立体图像感知研究 / 张亚茹著. — 徐州：中国矿业大学出版社，2024. 12.

ISBN 978-7-5646-6594-4

Ⅰ. TP391.413

中国国家版本馆 CIP 数据核字第 2024FJ8867 号

书　　名　基于深度学习的双目视觉立体图像感知研究

著　　者　张亚茹

责任编辑　王美柱　满建康

出版发行　中国矿业大学出版社有限责任公司

（江苏省徐州市解放南路　邮编 221008）

营销热线　(0516)83885370　83884103

出版服务　(0516)83995789　83884920

网　　址　http://www.cumtp.com　**E-mail**:cumtpvip@cumtp.com

印　　刷　苏州市古得堡数码印刷有限公司

开　　本　787 mm×1092 mm　1/16　**印张** 8　**字数** 205 千字

版次印次　2024 年 12 月第 1 版　2024 年 12 月第 1 次印刷

定　　价　48.00 元

前　言

随着科技的迅速发展，双摄像头成像系统在智能手机、自动驾驶、智能机器人等领域具有广泛的应用。双摄像头系统提供了面向同一个场景左右两个不同视角的观测信息，两个不同视角所成的图像存在视觉差异，同时也包含丰富的互补信息，有利于在二维空间上的图像细节重建和在三维空间上的视觉定位。近年来，深度卷积神经网络表现出了强大的图像理解能力，可用于直接从RGB立体图像对提取鲁棒深度表示，性能远超基于手工特征的传统算法。然而在实际应用中，由于场景深度以及摄像机构造原理（如成像分辨率、相机基线、焦距）的差异，立体图像对之间的视差存在较大的变化。因此，如何高效、灵活地利用双摄像头成像系统来提高立体图像的分辨率以及感知立体图像的视差具有重要的理论指导意义，而且拥有广阔的应用前景和巨大的社会效益。本书主要考虑立体图像对的图像特点和视差范围的差异，在立体超分辨率和立体匹配两个方面进行了深入的研究。从深度学习网络的构建入手，构建有效的特征学习模块，获得具有多样性和鲁棒性的图像特征表示，构建立体交互融合模块与三维编解码代价聚合网络，整合利用多层级多尺度上下文信息，提高细节重建精度和视差估计的准确性。研究成果可为基于深度学习的双目视觉立体图像感知研究提供重要的理论支撑。取得的主要创新成果如下：

(1) 提出了多样化特征学习子网络模型，得到了立体图像的丰富语义信息，构建了同向金字塔残差模块，提取具有多尺度和大感受野的特征信息，丰富了左右两个视角的图像表征，建立了可形变视差注意力模块，得出了立体图像对之间的对应关系，从而提高了立体超分辨率网络的重建性能。构建了注意力立体融合模块，实现了左右图像特征信息的立体一致性交互，提出了增强型跨视图交互策略，进一步集成视差注意力图和立体图像对，增强了立体一致性之间的约束，同时提高了图像空间细节的恢复能力。

(2) 构建了多层级特征金字塔池化模块，增强了图像特征表示的鲁棒性，提出了轻量化二维卷积子网络，在全局视图下纠正误匹配代价值，进一步提高了立体图像的匹配精度。设计了子分支与跨阶层聚合编码模块，聚合不同子分支和跨阶层的上下文信息，提出了多维注意力特征聚合立体匹配算法，以多模块及多层级的嵌入方式协同两种不同维度的注意力单元，解决了在学习推理过程中缺乏有效信息交互的问题。

(3) 建立了基于引导代价体和引导编解码结构的双引导式立体视差估计网络，实现了计算复杂性和预测精度之间的有效平衡。引入了三维注意力重编码模块，重新校准子分支的高层语义信息，构造了逐阶层聚合解码模块来解码代价体，进一步提高了代价聚合网络模型的学习能力。

本著作是在燕山大学刘彬教授的悉心指导下完成的，从选题、文献的查阅、本书内容的研究到撰写等每一个环节刘老师都耐心地为我指点迷津、指明方向。在本著作撰写过程中衷心感谢李雅倩副教授、林洪彬副教授给予的建设性意见。值此著作付梓之际，作者致以三位老师最真诚的感谢，祝愿三位老师身体健康、工作顺利、阖家幸福！

感谢燕山大学赵志彪、邓玉静、吴超、肖存军、孔雅婷、刘静、王营辉、杨有恒、郝兴军等同门，他们给予了许多有益的启示和热情的帮助，与他们的交流讨论大大推动了研究进展。最后，感谢中国矿业大学出版社相关工作人员为本书的出版付出的辛勤劳动。

本书的出版得到了安徽理工大学引进人才科研启动基金(2021yjrc37)和安徽省高等学校科学研究项目(2022AH050830)的资助，在此一并致谢。

由于作者水平所限，书中难免存在错误和不妥之处，恳请读者批评指正。

著　者

二〇二四年四月于安徽理工大学

目　录

1 绪 论

1.1 研究背景及意义

我国政府自信息时代开始以来，一直高度重视人工智能在技术研究方面以及相关产业领域的应用和发展，人工智能已经上升到国家科技发展战略中。《新一代人工智能发展规划》提出，到 2030 年，要使中国成为世界主要人工智能创新中心。自 2006 年深度学习算法被研究学者提出以来，到目前为止，人工智能技术的发展及其在各个领域的应用已经发生了日新月异的变化。在人工智能技术领域，计算机视觉已经成为一门研究学科，通过利用计算机的程序语言来模拟和实现人类的视觉感知功能。相比文字等传输媒介，人类感知图像这类媒介的效率是更高的。因为在对外界信息的获取数量中，人类依靠视觉系统获取的数量比重相当高，达到了 80%。随着双摄像头成像设备的发展，双摄像头在手机摄像、自动驾驶、遥感图像、侦察监视和机器人智能控制等领域均具有广阔的发展前景[1]。双目立体视觉作为计算机视觉领域中一个重要的研究分支，通过双目摄像头模拟人类双眼的视觉系统，拍摄并处理图像进而感知现实生活中的场景。立体图像对应视差原理图如图 1-1 所示。双摄像头系统提供了面向同一个场景左右两个不同视角的观测信息，两个不同视角所成的图像存在视觉差异，同时也包含丰富的互补信息，有利于在二维空间上的图像细节重建和在三维空间上的视觉定位。立体图像可以提供同一场景左右两个不同视角的信息，合理利用双目图像所包含的互补信息有利于恢复图像细节和计算视觉距离。由于深度卷积神经网络可用于直接从立体图像对中提取鲁棒的特征表示，具有强大的图像理解能力，除了在图像分类[2]、语义分割[3]和目标检测[4]等基础视觉任务中表现优越之外，在立体超分辨率和立体匹配方面性能也远超基于手工设置的传统算法。

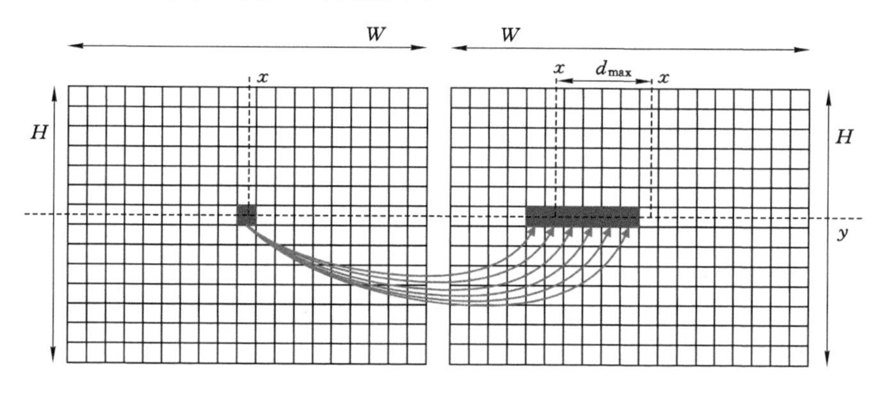

图 1-1 立体图像对应视差原理图

众所周知，当检查视力的时候，在左眼与右眼均无法单独看清视力表中某一行的情况下，双眼一起则能看清楚并作出判断。这是由于左眼与右眼所成的图像往往含有互补信息，即低分辨率立体图像对中包含的亚像素偏移有利于图像重建与细节恢复，从而生成高质量、高分辨率的图像。立体超分辨率研究[5]目前处于起步阶段，领域内相关研究算法不多，因此立体超分辨率在性能提升方面仍然具有较大的上升空间，且对超分辨率的研究具有重要的理论价值和实际意义。在实际场景中，由于实际复杂因素，如薄结构、非理想的校正、摄像头模块不一致和各种硬场景，基线、焦距、深度、空间分辨率和光线等存在差异，如何有效提取立体图像的特征及有效整合视图内信息对于后续网络的学习至关重要。此外，图像对之间的视差可能会存在很大的差异，因此，如何有效利用立体图像对的互补信息及增强视图间的信息交流对于提升立体超分辨率的性能也具有非常大的挑战。

双目视觉定位也是计算机视觉中的一个基础性问题。双目立体匹配系统将两台数字摄像机安置在同一条水平线上进行拍摄，经过校正立体图像对之后，通过左右图像的几何约束关系找到立体图像对之间的像素对应以估计视差值[6]。立体匹配具有实现简单、成本低廉和可以在非接触条件下测量距离等优点，是三维重构和非接触测量距离等技术的关键步骤之一，被广泛应用于导航定位、工业自动化、无人驾驶汽车(测距、导航)、机器人智能控制、安防监控以及遥感卫星图像等诸多工业和科技领域，具有广阔的发展前景[7]。立体匹配技术应用广泛，但是仍然存在很多亟待解决的难题。例如，在无纹理、重复和遮挡等区域仍存在许多不足。因此，如何处理病态区域和提高网络的预测视差精度仍然是一个紧迫的挑战，且一直是计算机视觉领域广泛关注的难点和热点。

因此，本书考虑立体图像细节感知和视觉定位处理过程中立体图像对的图像特点和视差范围的差异，对立体超分辨率和立体匹配两个方面进行了深入的研究。在立体超分辨率方面，构建同向金字塔残差模块和可形变视差注意力模块，获得具有多样性和鲁棒性的图像特征表示，整合利用多层级多尺度上下文信息，建立多层级特征金字塔池化模块和轻量化2D卷积子网络，在学习推理过程中交互全局与多层级信息。在立体匹配方面，构建3D注意力聚合编解码代价聚合网络、双引导式立体视差估计网络和多维注意力特征聚合立体匹配算法，在学习推理过程中进一步交互有用信息，以提高视差估计的准确性。本书的研究成果不仅可以获得精确的超分辨率图像和预测视差图像，而且为基于深度学习的双目视觉立体图像感知研究提供了重要的理论支撑和新思路，具有理论价值和现实意义。

1.2 国内外研究现状

深度学习(即表征学习)是机器学习领域的一个分支，在2000年开始应用于人工神经网络。深度学习由多个隐藏层组成，通过使用多层级的非线性信息处理，学习具有多个抽象层级的数据特征，可以应用于强监督、弱监督、无监督等方式的特征学习、表征、分类和回归等基础任务中[8]。随着人工智能的研究和发展，深度学习开始被广泛研究，以监督、无监督[9]、半监督[10]等形式被进一步应用于遥感图像处理、语音处理、信息检索、目标识别、多模态和多任务学习等多个计算机视觉领域[11-12]。

本节从深度学习经典网络、立体超分辨率和立体匹配3个方面综述基于深度学习的立体超分辨率及立体匹配的研究现状(图1-2)。

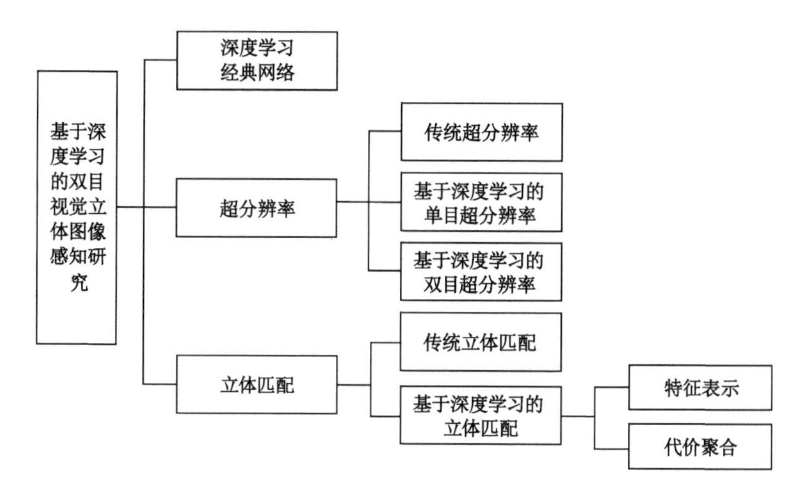

图 1-2 基于深度学习的立体超分辨率与立体匹配研究

1.2.1 深度学习经典网络的研究现状

随着人工智能的研究和发展,新颖有效的深度学习网络结构层出不穷[13],下面重点介绍几种被广泛使用的经典网络结构。Krizhevsky 等[14]提出了具有 8 个学习层的卷积神经网络,共包含 5 层卷积和 3 层全连接。Simonyan 等[15]在 AlexNet[14]的基础上,提出了深达 16~19 层之间的更深层级网络 VGGNet,通过在网络的各个层级中重复进行小尺寸的卷积滤波和最大池化操作,进一步加深了网络的深度,提高了网络的推理性能。与 VGGNet 不同,Szegedy 等[16]基于 AlexNet 在网络宽度上进行了改进,提出了 GoogLeNet,在同一层中使用不同尺寸的卷积以获得不同大小的感受野,并在通道维度上执行级联操作融合多个特征图。之后,He 等[17]提出了残差网络(Residual Network,ResNet),通过跳跃连接的方式解决了网络层级过深导致的梯度消失而不收敛的问题,为构造更深的网络结构提供了研究基础。Huang 等[18]提出了稠密连接网络(Densely Connected Network,DenseNet),通过稠密连接的方式将当前的每一层特征和其余的每一层特征均进行连接,充分利用了高低层不同空间分辨率的语义信息,在有效提高网络学习能力的同时也增加了计算成本。Ronneberger 等[19]提出了一种包含压缩路径和扩展路径的对称 U 型结构,该网络通过将编码层和解码层中对应分辨率的语义信息进行级联,从而在解码过程中能够尽可能不丢失更多的有用信息,在一定程度上为之后诸多深度学习网络的设计提供了思路。He 等[20]提出了空间金字塔池化模块,并行输入多种尺度的池化操作,得到了具有不同尺度感受野的丰富语义信息,提高了网络对于图像语义信息的理解能力。随着注意力机制的广泛兴起,涌现出了越来越多有效的注意力模块[21-22]。Hu 等[23]提出了通道注意力模块(Squeeze-and-Excitation Network,SENet),由挤压函数和激励函数组成,利用两个函数缩放通道维度,可以通过较小的计算成本建模通道之间的相互依赖关系,实现通道维度特征响应的自适应重新校准,从而提高网络模型的学习能力。在通道注意力模块的基础上,Woo 等[24]补充了基于空间的注意力模块,相比 SENet,增加的空间注意力可以在特征的空间维度上获取全局感受野,丰富特征的多维度响应,提高模型在多维度方向上的多样化特征学习能力。基于通道和空间注意力，众多研究学者又相继提出了结合注意力机制和诸多网络模型的网络结构[25]。Li 等[26]提出了一种特征金字塔注意力模块，并将其应用于网络的高层级特征中，通过像素级注意力计算和全局池化，得到了一个包含全局上下文信息的特征表示，提高了网络提取精确稠密特征的能力。Jeon 等[27]利用注意力机制，提出了一种具有多个中间卷积特征的融合方案，通过平衡每个特征贡献的注意力权重，联合使用卷积神经网络的多个中间特征，从而增强特征的学习能力。Huang 等[28]提出了十字交叉注意力网络，通过十字交叉的方式获取每个像素所在的十字路径上相邻像素的上下文表示，并通过递归循环的方式，进一步获取所有像素的长距离依赖关系。除了有监督卷积神经网络之外，研究学者还提出了用于无监督任务的卷积神经网络[29]。Goodfellow 等[30]首次提出了包含两个模型的生成对抗网络，其中，生成模型根据原始数据生成样本数据分布，判别模型用于判断生成的数据属于原始数据或生成样本数据中的哪一类。谭宏卫等[31]在生成对抗网络中基于条件熵构建了一种距离惩罚项，使得生成分布尽可能逼近目标分布，从而生成高质量的样本。

Transformer 是基于自注意力机制的深度神经网络，最初应用于自然语言处理任务。由于其强大的表征能力，研究人员将 Transformer 应用于计算机视觉任务[32-33]。Fan 等[34]提出 MViT（Multiscale Vision Transformers，MViT），连接多尺度特征层次结构与 Transformer 模型，用于视频和图像识别。在视觉中，Transformer 注意力要么与卷积网络结合使用，要么替换卷积网络的某些模块，以保持其整体结构。当对大量数据进行预训练并传输到多个中小型图像识别基准数据集时，ViT[35]（Vision Transformer，ViT）与最先进的卷积网络相比可以获得出色的结果，同时所需的训练计算资源大大减少。在生成对抗模型中，将卷积神经网络作为骨干旨在使用紧密的滤波器进行局部处理，而这种归纳偏差会损害上下文特征的学习。Dalmaz 等[36]利用 ViT 的上下文敏感性、卷积操作的准确性和对抗学习的真实性提出了生成对抗方法 ResViT。语言适应与视觉领域之间存在差异，例如视觉实体的尺度变化很大，图像中像素的分辨率比文本中的文字高，为此，Liu 等[37]提出了 Swin Transformer，采用分层 Transformer 模型并用移位窗口计算表示。移位开窗方案通过将自注意力计算限制在不重叠的局部窗口，同时允许跨窗口连接，从而获得更高的效率。分层结构具有在各种尺度上建模的灵活性和相对图像大小的线性计算复杂性。Carion 等[38]提出的 DETR（Detection Transformer，DETR）是利用双边匹配唯一预测和基于 Transformer 编解码架构组成的。给定一个固定小集合的学习目标查询集，DETR 根据目标和全局图像上下文的关系直接并行输出最终的预测集。利用 Transformer 模型直接进行端到端的学习和预测，实现了对图像中目标的边界框和类别信息的准确预测。Zhou 等[39]提出了一种时序 Transformer 聚合空间目标查询和每个帧的特征记忆。时序 Transformer 由两个组件组成，其中时序查询编码器用于融合对象查询集合，时序可变形 Transformer 解码器用于获得当前帧检测结果。Chen 等[40]将视频序列输入深度卷积编解码网络中以提取逐像素语义特征，构建了注意力长短时记忆建模像素随时间的变化以利用时间上下文，附加一个空间 Transformer 网络和条件随机场层降低对摄像机运动的敏感性并平滑前景边界。

1.2.2 立体超分辨率的研究现状

在计算机视觉领域，图像的质量和分辨率通常参差不齐，超分辨率图像重建任务[41]

的目的就是将这些图像通过计算机模拟学习的方式重建生成高质量和高分辨率的图像,即超分辨率任务可以被认为是从粗糙到精细的图像细节恢复过程。图像超分辨率重建技术在计算机视觉、公共安全、军事和医学等方面都具有广泛应用和良好的发展前景[42-43]。通常,提高图像分辨率采用最多的方法是插值算法[44-45],包括最近邻插值、双线性插值和双三次插值等。对于超分辨率任务来说,这些插值算法虽然计算方式简单且易于实现,但是在视觉质量方面依然有诸多不足,很多细节信息(比如锋利的边缘部分)无法恢复。近年来,基于各种学习的方法被广泛提出,成为超分辨率算法研究领域的热点。通过对图像本身进行充分的学习与推理,可以利用学习到的先验知识重建具有高分辨率的图像细节。而对于图像的学习和理解,最重要的是构建合适的学习模型,从中获得准确的先验知识,用于之后的图像推理和细节重建。到目前为止,普遍采用的学习模型有图像金字塔模型、神经网络模型[46]、马尔可夫随机场模型[47-48]和主成分分析模型[49]等。自从研究学者开始研究超分辨率卷积神经网络(Super-Resolution Convolutional Neural Network,SRCNN)以来[50],基于深度学习的方法在图像超分辨率任务中一直起着主导性作用,包括动态的视频超分辨率[51-52]和光流超分辨率[53]、静态的单目图像超分辨率[54]和立体图像超分辨率[55-56]。因此,本节主要从基于深度学习的单目图像超分辨率和立体图像超分辨率两个方面展开讨论。

针对基于深度学习的单目图像超分辨率,Dong 等[57]首次提出了 SRCNN,通过采用深度卷积神经网络自动学习和优化所有网络参数,不需要人工优化即可获得稀疏编码值,进而实现从低分辨率到高分辨率图像之间的端到端映射。Dong 等[58]提出了基于 SRCNN 改进的快速超分辨率卷积神经网络,不通过双线性插值方法,而是在网络的最后采用反卷积层放大图像尺寸,并且在非线性映射部分缩小特征维数,采用更小的卷积核和更多映射层,实现了快速的处理速度和稍高质量的输出。图像中相邻位置的像素之间联系较强,随着像素之间的距离变远,联系也逐渐变弱。因此,网络中的每一个神经元不需要获取图像中所有的像素,只需要感知相邻位置的像素信息,通过加深网络层级数即可获取大范围的全局像素信息。Kim 等[59]基于 SRCNN 进行改进,设计了一个更深的超分辨率网络 VDSR,共包含 20 个卷积层,网络的准确率和速度均优于 SRCNN。由于 SRCNN 预先通过插值的方式上采样低分辨率图像,在图像尺寸恢复到想要的分辨率大小之后再进行卷积操作,网络在高分辨率的大尺寸图像上进行计算,从而增加了网络的计算复杂度。为此,Shi 等[60]提出了亚像素卷积神经网络用于代替常规插值算法,可以直接在低分辨率的输入图像上进行卷积计算,不需要对大尺寸图像进行卷积操作,降低了计算成本。Kim 等[61]提出了类似于 VDSR 的深度递归卷积网络(Deeply-Recursive Convolutional Network,DRCN),将递归神经网络应用于超分辨率中,并借鉴 ResNet 的思想,利用跳跃连接和监督递归的方式在加深网络深度的同时增大感受野。随着稠密网络的提出,Tong 等[62]提出了超分辨率稠密网络(Super-Resolution Dense Network,SRDenseNet),利用卷积层、稠密块和反卷积层共同作用于超分辨率任务上,并应用跳跃连接于稠密块上,可以学习低层、高层特征,进而使上采样得到高分辨率的特征输出。Zhang 等[63]提出了一种残差稠密网络,通过一种连续存储机制促进网络有效的特征学习。除了稠密网络被研究学者广泛利用和改进之外,受残差网络的启发,Tai 等[64]构建了一种深度递归残差网络(Deep Recursive Residual Network,DRRN),结合残差网络和递归单元，可以在加深网络层级的同时有效控制模型参数。Zhang 等[65]提出了残差通道注意力网络（Residual Channel Attention Networks，RCAN），构造了具有短跳跃连接的局部残差块和长跳跃连接的全局残差块，使得在网络信息传递过程中可以包含丰富的低频细节信息，提高了网络的表征能力。Lim 等[66]提出了增强型深度残差网络（Enhanced Deep Super-Resolution，EDSR），去除了批量归一化层，减小了内存占用，从而可以扩大模型的尺寸，进一步提升了图像细节恢复质量。除基于残差网络和稠密网络的学习模型之外，研究学者还提出了其他新颖的超分辨率算法。Ledig 等[67]提出了生成对抗网络（Super-Resolution Generative Adversarial Network，SRGAN），其中采用的感知损失函数包括对抗损失和内容损失，可以使结果在更接近自然图像的同时注重在视觉上的相似性而不是在像素空间上的相似性。Guo 等[68]提出了对偶回归策略，在学习低分辨率和高分辨率之间正向和逆向的映射之外，额外提供了两者之间的约束关系，共同构成一个闭环模型，提升了图像重建的精度。Ma 等[69]提出了一种利用梯度引导来保持结构的超分辨率算法。相比普通的单图超分辨率网络，多出的一条梯度支路可以用于计算图像的梯度，进而通过梯度图获得图像的结构信息，从而引导单图超分辨率网络的计算。芦焱琦等[70]提出了边缘增强模块，加强边缘信息并提高边缘清晰度，此外提出了金字塔长程 Transformer 模块，对图像的内部信息进行长距离建模，弥补了传统 CNN 网络模型捕捉图像细节信息的不足，从而有效学习更丰富的图像特征，在恢复低分辨率图像的边缘信息方面具有一定的优势。针对采集装置限制导致采集的深度图像存在分辨率较低、易受噪声干扰等问题，张帅勇等[71]构建了分级特征反馈融合网络（Hierarchical Feature Feedback Network，HFFN），设计了一种分级特征的反馈式融合策略以有效利用不同尺度下的结构信息，结合金字塔结构挖掘深度-纹理特征在不同尺度下的分层特征，生成重建深度图像的边缘引导信息，重建深度图像。程德强等[72]设计了一种残差坐标注意力模块，以获得更丰富的高频细节信息，采用层次特征融合机制，对不同网络层次的特征信息进行特征融合，促进边缘细节信息的重建，通过融合层次特征和注意力机制构建轻量化图像超分辨率重建方法可以有效解决图像灰暗模糊、边缘不清晰等问题。针对具有挑战性的模糊图像超分辨率重建，李公平等[73]提出一种基于模糊核估计的图像盲超分辨率神经网络，其中模糊核估计子网络可从任意低分辨率输入图像中估计出实际模糊核，模糊核自适应图像重建子网络用于恢复输入图像分辨率。

近年来，随着双目相机的广泛普及，立体图像超分辨率在手机和其他现代采集设备中变得越来越流行。当前图像超分辨率方法大都是在单目图像上进行的，鉴于立体图像超分辨率可利用双目系统提供的互补信息以提高超分辨率恢复质量，立体图像超分辨率越来越受到研究学者的关注。针对基于深度学习的立体超分辨率，领域内相关算法相比单目图像超分辨率来说，数量较少，研究不够成熟，性能仍然有很大的提升空间。立体图像的视差值比视频帧和光流图像大很多，并且左右两个视角的图像空间分辨率均很低，因此，视频超分辨率和光流超分辨率的相关算法都不适合应用于立体图像超分辨率任务中。为解决这个问题，Jeon 等[74]首次提出了一个初级的且具有开创性的立体图像超分辨率算法（Stereo Super-Resolution，StereoSR），通过堆叠左图像和以不同间隔移动像素生成的右图像，集成两个视角的特征图，为超分辨率提供对应线索，进而得到视差位移值与高分辨率图像像素之间的直接映射关系。然而，StereoSR 能够计算的最大视差值是固定的，对于传感器和场景图像均具有较高的要求。为此,Wang 等[75]提出了视差注意力立体超分辨率网络(Parallax Attention Stereo Super-Resolution Network,PASSRnet),其中视差注意力机制能够沿双目图像的水平视差位移方向,获取具有全局感受野的立体图像对,而不受视差值大小的限制。上述立体超分辨率算法在处理低分辨率的立体图像对时,无法获取图像对中的长距离依赖关系。借鉴现有的注意力机制,Duan 等[76]在视差注意力机制的研究基础上,提出了经过改进的超分辨率网络,继续采用 PASSRnet 的网络结构,增加了通道注意力机制和全局残差连接,以融合高层和低层的远距离语义信息,重建精度优于 PASSRnet。Song 等[77]提出了一种结合自注意力和视差注意力机制的算法,同时聚合图像视图内的特征和立体图像的信息特征,从而重构出具有高质量的立体超分辨率图像对。此外,针对现有的单图超分辨率方法在利用视图内信息方面具有良好的性能这一特性,Ying 等[78]提出了立体注意力模块(Stereo Attention Module,SAM),利用单图超分辨率网络的先验知识,分别在左右图像的单图超分辨率网络分支之间安插多个立体注意力模块,从而实现了两个视图信息之间的多次交互,提升了网络重建图像细节的性能。Wang 等[79]利用立体图像对中的对称线索,设计了一个基于双向视差注意力模块的孪生网络,以高度对称的方式对两个视图进行超分辨率计算,以提高立体超分辨率的性能。然而,立体图像对之间存在的像素偏移以及在重建过程中所采用的亚像素上采样都需要判别特征来识别相应的像素。Xie 等[80]针对该问题提出了一种非局部扩张注意力模块,可以利用像素之间丰富的层级特征,捕捉像素之间的长范围依赖关系。此外,研究学者对具有复杂分辨率的立体图像对也进行了深入研究。Pan 等[81]针对左图为高分辨率且右图为低分辨率的立体图像对,提出了一种基于不同视角交互的立体超分辨率卷积神经网络算法。通过使用高分辨率的左视图和插值的右视图作为输入,定义一个视图差异图像来表示左右两个视图之间的相关性,增强了不同视角之间信息的交互与理解。Luo 等[82]提出了一种多层特征提取和层次式特征融合的卷积神经网络,以检测立体超分辨率图像。其中,将多个扩张卷积用于提取多层特征并适应不同的立体超分辨率图像,层次式特征融合进一步提高了模型的性能和鲁棒性。与单图像超分辨率相比,利用内部视图和外部视图信息更具挑战性,随着 Transformer 已经在多个视觉任务中表现出了良好的性能,Jin 等[83]提出了 SwiniPASSR,采用 Swin Transformer 作为骨干网络,结合双向视差注意力模块最大限度利用双目机制提供的辅助信息,同时引入一个转换层解决 PAM 与 Transformer 集成问题,并采用逐步训练策略,通过逐步扩大感受野的方式学习深度对应。针对现有的立体图像超分辨率模型主要集中在提高定量评价指标上,忽略了超分辨率立体图像的视觉质量的现象,Ma 等[84]提出了以感知为导向的立体图像超分辨率方法,通过利用立体图像超分辨率结果感知质量评价提供反馈来提高立体图像的感知质量,增强了用于视差估计的立体图像可靠性。Chu 等[85]基于单视点特征提取图像恢复模型 NAFNet,提出了立体图像超分辨率 NAFSSR,通过添加交叉注意力模块融合视点间的特征,以适应双目场景。

由上述国内外与单双目图像超分辨率任务相关的研究文献来看,虽然目前卷积神经网络在超分辨率学习方面已经取得了一定的研究成果,但仍然存在以下问题。

① 特征提取方式单一,高低层语义特征获取不足,从而导致结构信息丢失,不利于图像空间细节的恢复。

② 没有考虑将单图超分辨率算法学习到的先验知识充分应用到双目图像超分辨率任务中。

③ 缺乏能够高效利用左右两个视图信息的新机制，没有充分利用交互视图内和视图间的信息。

1.2.3 立体匹配的研究现状

立体匹配算法的本质是利用最优化理论进行方程的求解，即通过建立恰当的代价函数，并且增加一些额外的约束来计算最优值。传统的立体匹配算法可以分为4个步骤——① 匹配代价计算[86]：主要是度量待匹配的像素值与候选的像素值之间的相似性。② 代价聚合[87]：通过聚合像素值之间的相似性度量值来获得匹配代价矩阵。③ 视差计算[88]：通过计算的代价矩阵来选择最小的代价值所对应的视差作为初始视差。④ 视差优化[89]：用于优化计算的初始视差图，进一步提高初始视差图的质量。传统的立体匹配算法主要分为局部匹配算法和全局匹配算法。其中局部匹配算法[90-92]分为自适应权值立体匹配算法、自适应窗口立体匹配算法和多窗体立体匹配算法；全局匹配算法[93-96]分为动态规划、图割算法和信念传播算法等。随着人工智能的快速发展，基于深度学习的立体匹配算法[97-99]也受到了越来越多的关注，相较传统算法，在特征提取与学习上均具有显著的性能提升。鲁棒的特征表示与代价聚合计算在基于深度学习的网络视差估计中起着至关重要的作用，近年来已成为国内外本领域研究中的热点与难点。因此，接下来主要对图像表征网络和代价聚合网络的研究现状进行分析。

针对图像表征的研究，立体匹配中的特征提取大部分是借鉴语义分割以及图像分类任务方面的特征提取方式。鉴于此，首先分析主流特征提取网络的进展。Shelhamer 等[100]通过改进 AlexNet、VGGNet 和 GoogLeNet，提出了包含跳跃连接的全卷积网络，全卷积网络能够通过结合深层语义信息和浅层结构信息来提取图像的特征。Zhao 等[101]针对多个不同尺度的目标对象，提出了空间金字塔池化模块，将特征图划分为多个区域并使用每个区域内的像素值作为该区域内像素的上下文表示，用于集成不同尺度的上下文先验。Yang 等[102]提出了一种基于扩张空间金字塔池化模块的上下文信息嵌入方法，将不同扩张速率下的空间规则采样像素作为中心像素的上下文，以进一步捕获全局上下文。Fu 等[103]提出了双注意力网络，通过编码上下文信息来强调重要的特征。然而，金字塔池化模块和双注意力网络均只对最后一层的信息进行编码，缺乏对不同层级上下文的重新校准与进一步整合。为此，研究学者提出了多种新颖有效的编解码结构，用于提取上下文的语义信息[104]。在编解码体系结构中，Badrinarayanan 等[105]提出了将编解码网络 SegNet 用于立体匹配任务中的方法，包括编码网络和相应的解码网络，其中编码网络用于计算输入图像，得到具有较低分辨率的特征图，进而通过相应的解码网络实现非线性的上采样。He 等[106]提出了自适应的金字塔上下文网络，每个自适应上下文模块均利用全局图像表征作为引导，去估计每个像素所在区域的局部权重，然后计算具有这些关联性的上下文向量。Peng 等[107]提出了一个全局卷积网络和基于残差的边界细化模块，分别用于目标对象内部区域的改善和目标边界位置的进一步细化，能够很好地平衡图像的感受野和网络参数量。针对特征图之间存在或多或少的相关性的问题，Han 等[108]提出了一个新颖的幻影模块，对原始特征图进行简单的线性变换，实现了用更少的网络参数生成新的特征图。除了以上借鉴其他图像理解任务中的特征提取方法之外，也有众多研究学者对于立体匹配任务提出了各种各样的算法。Chang等[109]提出将 SPP-Net 应用到立体匹配中，构建金字塔立体匹配网络，通过聚合全局上下文信息形成匹配代价。Lu 等[110]提出了一种多尺度特征提取子网络，通过多尺度共享的方式并行地获取两种不同尺度的感受野，可以在感受野的增加和细节的丢失之间取得较好的平衡。Rao 等[111]提出了 MSDC-Net，其中多尺度融合 2D 卷积模块包括不同尺度特征提取和多尺度特征融合两个部分，并通过稠密连接的方式提取并融合不同尺度的特征。Zhu 等[112]提出了一种具有交叉形式的多尺度金字塔网络，其中局部特征提取模块是利用一系列相互关联的 2D 卷积设计的，共包含 48 个卷积层，可以提取丰富的多尺度特征，同时扩大感受野。Li 等[113]设计了一个具有递归优化的层级网络以及一个用于推理的堆叠级联架构，通过从粗到细的方式更新视差，并采用自适应组相关层来减轻错误修正的影响。Zhao 等[114]提出了分离模块用于优化数据耦合问题，即在迭代过程中传递包含微小细节的特征；为了进一步捕捉高频细节，还提出了归一化细化模块，将视差统一为图像宽度的视差比例，从而解决跨域场景中模块失效的问题。

针对立体匹配中代价聚合网络的研究，在早期基于 CNN 的立体匹配网络中，CNN 被用于计算图像块之间的相似度。Zagoruyko 等[115]提出了 MC-CNN，通过计算 2 个尺寸为 9×9 的图像块之间的相似度来学习如何匹配对应像素点。Luo 等[116]提出采用内积操作来计算孪生网络中 2 个特征之间的相似性。这些网络均需要使用一系列的后处理操作，如基于交叉的代价聚合、半全局匹配等其他额外的步骤，这大大增加了计算量和运行时间。随着研究学者提出了各种各样的卷积，包括常规二维（Two-Dimensional，2D）卷积、三维（Three-Dimensional，3D）卷积、1×1 卷积、转置卷积、扩张卷积、可分离卷积和分组卷积等。不同卷积的作用不同，例如 1×1 卷积[117]可用于整合通道信息，扩张卷积可用于获取具有更大感受野的信息，可分离卷积[118]和分组卷积[119]是为了加快特征提取速度，转置卷积[120]是为了在解码过程中恢复图像特征的空间分辨率。因此，研究学者利用 3D 卷积和转置卷积，提出了端到端立体匹配模型[121-122]，通过将匹配代价计算过程集成到现有的编解码网络中，进而计算网络损失回归视差。Mayer 等[123]提出了 DispNetC，在编解码结构中通过内积操作可以计算左右特征之间的相关性，并经反卷积直接输出结果，实现了端到端网络训练。在 DispNetC 的基础上，Pang 等[124]提出了级联残差结构，并叠加了一个精细视差的网络。此外，对于置信度的学习，Shaked 等[125]提出了具有多级权重残差的高速网络，通过使用反射损失更好地检测细化过程中出现的异常值来学习置信度。Mao 等[126]提出了一种鲁棒的半稠密立体匹配算法，利用两个卷积神经网络模型分别计算立体匹配代价和置信度滤波。Song 等[127]提出了一个上下文金字塔，用于编码多尺度上下文信息，并与一种基于双重多任务交互的边缘检测器相结合，利用边缘检测任务的中层特征来恢复视差图中缺失的细节，提高了网络计算匹配代价的能力。在此基础上，Song 等[128]又提出了由视差估计和边缘检测两个子网络共同组成的多任务学习网络，有效融合了边缘位置的信息，同时实现了视差图像和边缘图像的两个端到端预测。上述端到端立体匹配网络由于只是计算沿视差方向的一维相关算法，损失了多个维度的有效信息。为此，Kendall 等[129]利用像素偏移获得移位后的图像特征，并与另一个视角的图像通过级联方式构造四维（Four-Dimensional，4D）匹配代价体，使模型可以在多个维度上去理解匹配代价体的全局语义信息，对匹配过程进行了更好的建模。基于此，Chang 等[109]提出了堆叠 3D 卷积神经网络，类似于多个简易的 U 型结构，通过融合编码部分和解码部分中对应相同分辨率的代价体特征，可以更好地聚合上下文信息。Liang 等[130]提出了一种高效的代价体计算方法，通过逐渐增加代价体的尺度来缩小视差值的搜索范围，实现了从粗糙到精细的计算过程。Liang 等[131]又提出了应用贝叶斯推理的概念，通过特征相关以及重构误差学习先验和后验的不变特征，进行视差初始预测和视差优化。卷积神经网络除了与贝叶斯推理相结合之外，Jie 等[132]将循环神经网络引入代价聚合中，对网络生成的左右两个视图的像素值不断进行对比，以识别有可能错误标记的像素值所在的不匹配区域，从而实现了左右一致性检验和视差估计。Zhang 等[133]提出了 3D 卷积注意力网络，进一步扩展了注意力匹配机制，利用网络的堆叠沙漏模块提取多尺度上下文信息和几何信息。Zhang 等[134]提出了半全局聚合层和局部引导聚合层两种新颖的神经网络层，利用半全局匹配的可微分逼近性质和传统代价滤波方法来精细化结构细节部分，从而捕获局部和全图像的代价依赖关系。Gu 等[135]提出了一种能逐渐增加尺度表达的代价体特征金字塔，随着代价体分辨率逐渐增大和自适应缩小对应像素的搜索范围，实现从粗糙到精细的视差计算。Yang 等[136]构建了一个代价体金字塔，根据深度采样和图像分辨率尺寸之间的相关性聚合匹配代价。Xu 等[137]提出了多尺度代价体计算方法，通过聚合尺度内和尺度间的代价体信息，共同组成自适应聚合模块并进行堆叠，从而输出 3 个低分辨率视差图，应用 StereoDRNet[138]中提出的调优方法上采样恢复图像分辨率，使其与输入图像的分辨率保持一致。全对偶相关缺乏非局部几何知识，在病态区域难以处理局部歧义，Xu 等[139]提出了迭代几何编码体积，其组合的几何编码体积用于编码几何和上下文信息以及局部匹配细节，并通过迭代索引方式更新视差图。Chen 等[140]在网络损失函数中引入 KL 散度项，要求不确定性分布与视差误差分布相匹配，用于在深度立体匹配中联合估计视差和不确定性。

深度立体匹配网络在合成训练数据下因域差异导致在不熟悉领域中泛化能力较差。为此许多研究学者开始关注跨领域性能的提升。Zhang 等[141]提出了一种域不变立体匹配网络，通过域规范化方法和结构保持图滤波器，用于规范特征的分布式表征，使其对域差异保持不变性，提取鲁棒结构特征表示，提高了立体匹配网络对于各种场景的泛化能力。代价体积是视差估计中衡量左右特征位置相似性的关键部分，对于高精度和高效的立体匹配，一个具有信息量且简洁的成本体积表示至关重要。Liu 等[142]利用大规模数据集上训练的模型特性来处理域偏移，通过使用余弦相似性基础代价体积作为桥梁，将该特性嫁接到一个普通的代价聚合模块中，基于低层次特性具有广泛的表示能力，将嫁接特性进一步输入浅层网络中进行转换，计算代价以恢复更多任务特定信息。立体匹配方法主要关注局部差异空间，通过动态代价体积减少计算量，但当处理大差异范围时，由于全局视图的缺乏，需要多次迭代才能接近真实值。为此，Zeng 等[143]提出了一种参数化代价体积，使用多高斯分布来编码整个差异空间。每个像素的差异分布由权重、均值和方差参数化。均值和方差用于计算代价的差异候选者，而权重和均值用于计算差异输出，基于 JS 散度优化计算参数，在正向差分模块中实现梯度下降更新。以往大多数基于级联或逐像素相关的代价体构建缺乏局部相似性，导致在大型无纹理区域上的性能不理想，为此，Li 等[144]提出了一种基于区域的相关和非局部注意网络，计算左特征块与相应遍历右特征块之间的关联图，并将其打包成基于区域的 4D 代价体，利用基于区域的相关性来获取代价体积中更多的局部相似性，在沙漏模块的基础上，结合非局部注意力模块作为 3D 特征匹配模块，充分利用各种空间关系和全局信息实现准确视差估计。Xu 等[145]提出了一种多级自适应图像块匹配方法并构建了注意力连接代价体积，从相关线索中生成注意力权重，以抑制冗余信息并增强连接体积中的匹配相关信息,注意力连接代价体积可以无缝嵌入大多数立体匹配网络中,可以使用更轻量级的聚合网络,同时实现更高的准确性。Rao 等[146]受到掩码表示学习和多任务学习的启发,设计了掩码表示以实现领域泛化立体匹配。将掩码左图和完整右图输入模型中,在特征提取模块后添加一个轻量级解码器以恢复原始左图像,用立体匹配和图像重建作为伪多任务学习框架训练模型,促进模型学习结构信息,降低不同训练周期之间泛化性能的显著波动。针对现有的深度立体匹配网络学习容易依赖合成数据集的捷径特征,在未见过的真实数据集上泛化效果不佳的问题,Chang 等[147]提出了一个分层视觉变换网络,将训练样本分层转换为具有多样分布的新领域,最大化源域与新域之间的视觉差异,最小化跨领域特征不一致以捕获域不变特征,防止模型利用合成立体图像的伪影作为捷径特征,学习域不变稳健表示更有效地估计视差图。无监督立体匹配方法可以在没有真实数据的情况下学习视差估计。大多数无监督立体匹配算法都假设左右图像具有一致对称的视觉属性,在立体图像不对称时很容易失败。针对此问题,Song 等[148]提出将空间自适应自相似性用于无监督不对称立体匹配,自适应地生成用于计算自相似性的采样模式,设计了具有正负权重的对比相似性损失并用于学习有效的采样模式,进一步强化编码不对称性不可知的特征,同时保持立体对应关系的独特性。基于深度学习的立体匹配方法在面对遮挡、反射、无纹理区域和尺度变化等挑战时准确性显著降低。Shi 等[149]提出了 MSCANet(Multi-Scale Inputs and Context-Aware Aggregation Network,MSCANet),整合了丰富的多尺度特征信息,显示出上下文感知聚合的能力。其中,多尺度感知融合模块可以有效地合并不同尺度下的上下文特征,增强其在不同尺度图像上的一般化能力。

在立体匹配网络中特征表示的学习容易受到人工合成数据捷径特征的严重影响,为了缓解这一问题,Chuah 等[150]提出了一种信息理论的快捷方式以避免自动限制与快捷方式相关的信息编码到特征表示中,最小化潜在特征对输入变化的敏感性来学习域不变特征,增强合成训练网络的鲁棒性,使其在具有挑战性的未知域立体数据集上预测精度优于微调网络。受到领域转移的影响,最近的立体匹配网络在给定足够训练数据的情况下在未知领域的泛化能力很差。Zhang 等[151]充分考虑保持匹配像素之间的特征一致性以提高立体匹配网络泛化能力,提出用一个简单的跨视点逐像素对比学习来解决这个问题。立体对比特征损失和立体选择性白化损失能更好地保持立体特征跨域的一致性。当前基于风格迁移的立体匹配任务需要转换后的左右图像配对,同时转换后图像在内容和空间信息上要与原始图像保持一致。针对该难点,厉行等[152]提出一种基于边缘域自适应的立体匹配方法 EDA-Stereo;构建边缘引导的对抗网络,通过空间特征转换层融合边缘信息和合成域图像特征,引导生成器输出保留合成域图像结构特征的伪图像;提出变形损失函数,使基于转换后右图像重建的左图像逼近原始左图像,以防止左右图像对转换后不匹配;提出法线损失计算局部深度表征变化,得到更多的几何细节,从而有效地提高匹配精度。

从上述国内外与立体匹配相关的研究文献来看,虽然众多学者对卷积神经网络在视差估计中的研究取得了显著成果,然而,对于立体匹配网络的研究仍然存在以下问题:

① 特征提取网络缺乏多层级多模块多尺度的信息交互,信息传输方式单一,缺乏丰富的语义信息进行网络训练。

② 代价聚合网络缺乏多层级多感受野的信息来聚合代价体和纠正错误的学习。

③ 堆叠 3D 编解码网络结构复杂,导致内存消耗大、运行时间长。

1.3 主要研究内容

本书主要针对立体图像细节感知和视觉定位处理过程中存在的问题,从立体超分辨率和立体匹配两个方面对网络中特征提取、左右图像信息交互的影响因素以及网络构建展开研究。首先,针对立体超分辨率网络中特征提取方式单一导致信息获取不丰富且难以判别整个图像中形变特征的问题,构建同向金字塔残差模块和可形变视差注意力模块,获得具有多样性和鲁棒性的特征,实现在水平方向和复杂区域中特征的有效计算。鉴于立体超分辨率网络中视图间的信息交互频率较少以及缺乏视图内不同层级信息的理解,提出注意力立体融合模块和增强型跨视图交互策略,增强视图内和视图间的信息交流能力。其次,对立体图像在二维空间上的图像感知进行三维拓展,针对立体匹配网络在准确估计视差方面缺乏丰富的上下文语义信息的问题,建立多层级特征金字塔池化模块和轻量化 2D 卷积子网络,从而获得结合全局与多层级信息的立体匹配网络。再次,由于立体匹配中现有的代价聚合网络未能最大限度聚合代价体,提出 3D 注意力聚合编解码代价聚合网络,以提高网络之间多层级多分支的信息融合能力。最后,针对 3D 注意力聚合编解码代价聚合网络的计算复杂性和预测精度相互制约的限制,提出引导代价体和引导编解码结构,相互结合共同作用整合为双引导式立体视差估计网络,有效平衡计算复杂性和预测精度,提出一种多维注意力特征聚合立体匹配算法,以多模块及多层级的嵌入方式协同两种不同维度的注意力单元,自适应聚合和重新校准来自不同网络深度的代价体,在学习推理过程中进一步交互有用信息。

本书主要研究内容分为 7 章,各章内容安排如下。

第 1 章详细阐述了立体超分辨率与立体匹配的研究背景及意义。分析了深度学习经典网络、现有基于深度学习的立体超分辨率和立体匹配的研究现状,明确了在立体图像感知处理中存在的问题。

第 2 章研究了基于空间金字塔结构的特征提取网络模型,结合分组计算、跳跃连接和不同尺度的卷积滤波器,构建同向金字塔残差模块,用于提取多尺度和大感受野的特征信息。此外,考虑视差注意力缺乏整个图像范围内的区域像素引导,构建可形变视差注意力模块,获取沿极线方向具有全局感受野的不同立体图像对信息。对模型进行消融实验和准确性分析,验证多样化特征学习子网络在立体图像超分辨率中的优越性能。

第 3 章研究了注意力融合机制的原理,引入三重注意力机制,结合第 2 章视差注意力机制,构建注意力立体融合模块。分析单图超分辨率分支和注意力立体融合模块的学习方式,提出增强型跨视图交互策略,利用横向稠密连接、竖向稀疏连接和特征融合 3 个连接方式,集成来自立体图像对的全面特征信息,同时整合视图内和视图间的信息,实现左右视图信息的有效交互。最后通过实验分析证明所提算法在图像细节重建方面的有效性。

第 4 章在第 2 章金字塔模型和第 3 章跨视图交互融合的研究基础上,针对立体匹配在病态区域寻找对应像素点方面缺乏丰富的上下文信息的问题,提出了多层级特征金字塔池化模块。结合 3 个级联卷积和残差网络,获取不同层级和不同空间分辨率的特征图,进一步融合高层特征图和对应低层同等分辨率的特征图,获得多次融合的立体图像对特征。构造轻量化 2D 卷积子网络以获得全局结构信息,引导 3D 编解码结构计算匹配代价并纠正误匹配值,提高匹配精度。最后进行消融实验和模型对比分析,验证所提模块在信息获取和误匹配值纠正方面的有效性。

第 5 章针对第 4 章代价聚合网络仍然缺乏最大限度聚合代价体的不足，提出了一种包含 3 个模块的注意力聚合编解码代价聚合网络框架。建立一个子分支与跨阶层聚合编码模块，多次聚合子分支内和子分支间的上下文信息，实现不同深度代价体的相互利用与不间断传递。设计了一个三维注意力重编码模块，重新校准和编码子分支的高级语义信息，获得鲁棒的判别代价体。通过逐级融合上采样策略构造一个逐阶层聚合解码模块来解码代价体，进一步整合网络各阶段的层级信息，提高网络模型学习能力。最后验证了该网络框架在代价聚合方面的有效性。

第 6 章针对第 5 章匹配代价计算复杂度和预测精度之间相互制约的问题，提出了一种基于引导代价体和引导编解码结构的双引导式立体视差估计网络以有效地平衡计算复杂性和预测精度。结合相关计算和级联操作的优势，采用分组形式构建引导代价体，减少了后续网络计算的参数。并在接下来的代价聚合过程中，结合 2D 池化和 3D 卷积运算，改进编解码结构，通过级联特征引导串联特征更快速地聚合代价体，以少量计算代价引导和校正误匹配值。结合平滑 L_1 损失和 SSIM 损失构建混合损失函数，从而可以反向传播多种类型误差值。最后验证了该方法的参数数量、推理计算代价和模型匹配精度。

第 7 章针对现有基于深度学习的立体匹配算法在学习推理过程中缺乏有效信息交互的问题，提出了一种多维注意力特征聚合立体匹配算法，以多模块及多层级的嵌入方式协同两种不同维度的注意力单元。设计 2D 注意力残差模块，通过在原始残差网络中引入无降维自适应 2D 通道注意力，局部跨通道交互并提取显著信息，为代价聚合过程提供了全面有效的相似性度量。提出 3D 注意力沙漏聚合模块，在多个沙漏结构的基础上嵌入双重池化 3D 注意力单元，进一步扩展多维注意力机制，自适应聚合和重新校准来自不同网络深度的代价体。最后在三大标准数据集上进行评估，通过实验验证该算法的预测视差精度。

2 面向立体超分辨率的多样化特征学习子网络算法研究

2.1 引　　言

特征的多样化学习有利于网络的训练，是深度学习网络应用于计算机视觉图像处理的基础。其中，获取具有丰富上下文语义信息的特征表示是网络进行有效训练的先决条件，而大感受野和多尺度的特征学习对于获取具有判别性的表征又是至关重要的。因此，本章主要对特征提取网络进行研究，提出一个面向立体图像超分辨率的多样化特征学习子网络算法，主要包括同向金字塔残差模块和可形变视差注意力模块。在给定立体图像对的情况下，首先借鉴扩张空间金字塔结构的思想，引入分组计算、跳跃连接和金字塔模型，构建同向金字塔残差模块，从上到下随着层数的增加，减小每层的卷积核尺寸和组数，提取多尺度和大感受野的特征信息，丰富左右图像表征。然后，沿立体图像对的极线水平方向，计算左图像中的每个像素与右图像中所有可能视差值的像素之间的相似性度量值，从而生成视差注意力图。同时引入适用于具有一定几何形变任务的可形变卷积，扩充已有的另一视角特征提取网络结构，进一步聚合来自另一视角的图像信息。最后，在 Flickr 1024、Middlebury 和 KITTI 三大基准数据集上对本章提出的网络进行消融研究，同时与其他的超分辨率算法进行对比分析，验证本章所提网络能够在保持高灵活性的同时捕获全局结构对应，增强了立体图像之间的特征一致性，从而提高了超分辨率性能。

2.2 多样化特征学习子网络

相比单图超分辨率任务，立体图像对的特征提取和信息交互是立体超分辨率任务的两个重要组成部分。本章针对特征提取和信息交互两个子网络模块的特征学习进行改进，分别提出了同向金字塔残差模块和可形变视差注意力模块。

2.2.1 同向金字塔残差模块

对于场景图像来说，有的目标对象特征尺寸较大（如建筑物、汽车等），有的特征尺寸较小（如行人、路标等），类似这种的尺寸差异是常规卷积难以获取和鉴别的。针对这个问题，可以广泛使用 3 种扩大感受野的学习方式，分别为扩张卷积、扩张空间金字塔模型以及残差扩张空间金字塔模块。

（1）扩张卷积

扩张卷积[153]也称为膨胀卷积或者空洞卷积，是通过采用不同大小的扩张率（即不同大小的像素间隔)来感知不同尺寸的感受野,进而可以根据感受野的不同提高图像的信息理解能力。图 2-1 所示为 3 个卷积核大小均为 3×3 的扩张卷积,其扩张率分别为 1、3 和 4。从图 2-1 中可以看出,像素间隔越大的卷积滤波器,其感受野越大,信息丢失越严重;反之,像素间隔越小,其感受野也越小,信息的丢失也会相应减少。

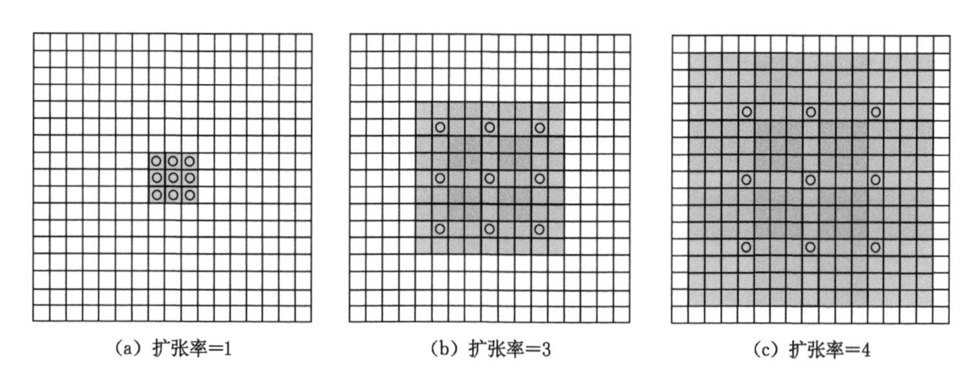

图 2-1　扩张卷积示意图[153]

(2) 扩张空间金字塔模型

基于扩张卷积,扩张空间金字塔模型[20]的构建进一步扩大了图像感受野,使其获得了具有多种像素采样尺度的丰富上下文特征。扩张空间金字塔模型示意图如图 2-2 所示。

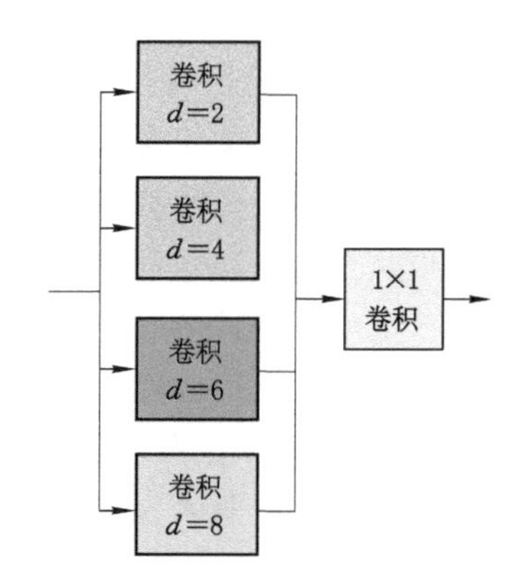

图 2-2　扩张空间金字塔模型示意图

首先,在像素 p_i 位置,使用扩张率分别为 2,4,6,8 的扩张卷积进行计算,计算公式为:

$$\boldsymbol{y}_i^d = \sum_{p_s = p_i + d\Delta t} K_t^d \boldsymbol{x}_s \tag{2-1}$$

式中　$\boldsymbol{x}_s$——输入特征图;

d——扩张率,$d=2,4,6,8$;

p_s——扩张卷积;

Δt——尺寸为 3×3 的卷积滤波器,$\{\Delta t=(\Delta w,\Delta h)\mid \Delta w=-1,0,1,\Delta h=-1,0,1\}$;

$\boldsymbol{y}_i^d$——在像素 p_i 位置,扩张率为 d 的扩张卷积的输出表示;

K_t^d——在 t 位置,扩张率为 d 的扩张卷积的卷积核参数。

然后,采用级联操作和卷积核尺寸为 1×1 的卷积层整合扩张卷积计算的 4 个特征图,

得到融合特征 Y：

$$Y = H_{1\times1}([\boldsymbol{y}_i^2, \boldsymbol{y}_i^4, \boldsymbol{y}_i^6, \boldsymbol{y}_i^8]) \tag{2-2}$$

式中 [·,·,·,·]——用于特征融合的级联操作；

$H_{1\times1}(\cdot)$——卷积核尺寸为 1×1 的卷积滤波器。

(3) 残差扩张空间金字塔模块

残差扩张空间金字塔模块[75]是在上述扩张空间金字塔模型的基础上，结合了残差网络而构建的。利用残差连接不仅扩大了感受野，而且丰富了卷积的多样性，形成了具有不同感受野和包含丰富信息的卷积集合。残差扩张空间金字塔模块示意图如图 2-3 所示。

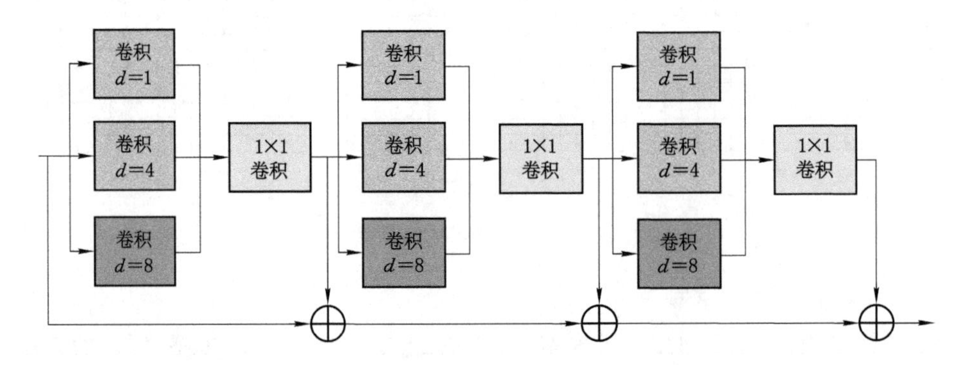

图 2-3 残差扩张空间金字塔模块示意图

在残差扩张空间金字塔模块内，首先，并行排列扩张率分别为 1,4,8，卷积核尺寸为 3×3 的扩张卷积滤波器，进而使用卷积核尺寸为 1×1 的卷积滤波器进行融合操作来获得多尺度特征。然后，在此基础上，将残差网络中的卷积模块替换为扩张空间金字塔模块，输入多尺度特征到替换后的残差块中以进一步融合高低层特征。最后，重复多次改进后的残差网络结构，构建残差扩张空间金字塔模块，生成最终的多尺度图像特征。

上述两种金字塔特征提取方式均采用的是扩张卷积，扩张卷积通过间隔像素而构建的大尺寸卷积滤波器，在下采样的过程中会丢失大量有用的细节信息，从而导致采用扩张卷积构建的金字塔模型提取的图像特征相比普通卷积来说更加抽象，不适用于对细节更加敏感的超分辨率任务。

因此，为了解决上述两种基于扩张空间的金字塔模块在下采样过程中细节信息丢失的问题，本章借鉴金字塔卷积[154]、残差模块和空间金字塔模型的思想，构建了同向金字塔残差模块，如图 2-4 所示。

同向金字塔残差模块包含两个同向的设计方式，分别为：从上到下随着层数的增加，减小每层的卷积核尺寸和减小每层的组数。同向金字塔残差模块共包含层级数、组数、卷积核尺寸和通道数 4 个超参数。

① 层级数：是指将输入特征图通过 n 个支路以并行的方式进行计算，即由 n 层不同空间尺寸的卷积滤波器构成。类似于普通的金字塔模型，各层级之间单独进行运算，互不影响。

② 组数：是指每一层中的分组数，即在每一层中，将输入特征图在通道维度上平均划分为不同的小组，且小组通道数(划分的每一个小组中特征图的数量)是相等的。

③ 卷积核尺寸：在每一层级中，卷积滤波器的卷积核尺寸随着组数的增加而逐渐减小，

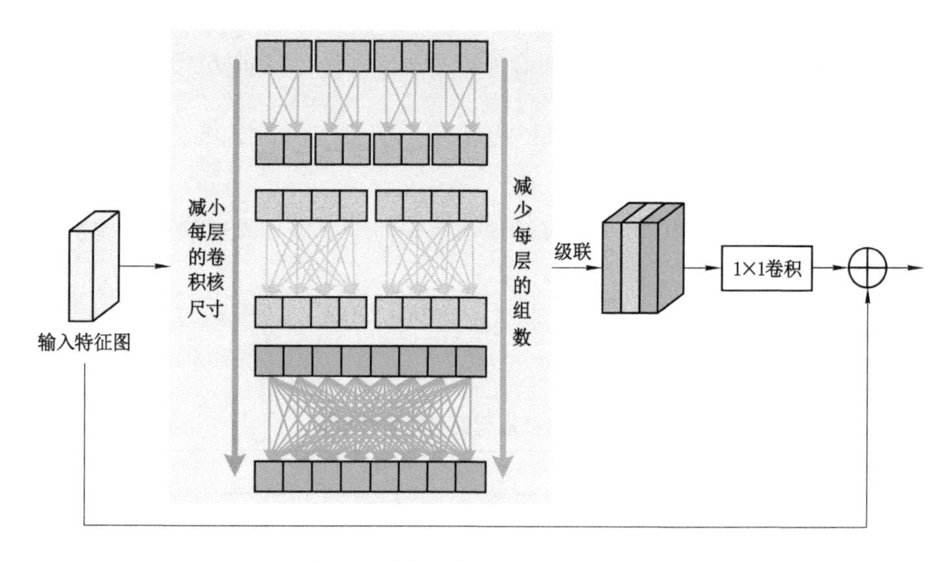

图 2-4 同向金字塔残差模块示意图

也就是从金字塔的底层到顶层之间，从下到上逐层增大卷积核尺寸。在每一层中的小组之间，均独立进行卷积核计算。

④ 通道数：共包括输入通道数、输出通道数和每一层级的通道数。由于输入通道数通常为偶数，则每一层级的输入通道数也为偶数，故设置每一层的组数为 2 的幂次，每一层中输出特征图的通道数均与输入通道数一致，且总的输出特征通道数为各层级通道数之和。

残差网络由一系列相同的残差块组成。其中，一个残差块可以表示为：

$$\boldsymbol{x}_{l+1} = \boldsymbol{x}_l + H_{3\times3}(\boldsymbol{x}_l, W_l) \tag{2-3}$$

式中 $\boldsymbol{x}_l$——残差块的输入特征图；

$\boldsymbol{x}_{l+1}$——残差块的输出特征图；

W_l——卷积滤波器的权重；

$H_{3\times3}(\cdot)$——残差部分，是卷积核尺寸为 3×3 的卷积滤波器。

残差块的输入特征图和残差部分的输出特征图数量存在不一致的情形，因此，需要改变维度以使通道维度保持一致，其中的一个残差块可以表示为：

$$\boldsymbol{x}_{l+1} = H_{1\times1}(\boldsymbol{x}_l) + H_{3\times3}(\boldsymbol{x}_l, W_l) \tag{2-4}$$

$$H_{1\times1}(\boldsymbol{x}_l) = W'_l \boldsymbol{x}_l \tag{2-5}$$

式中 W'_l——卷积核尺寸为 1×1 的卷积滤波器权重，用于升高或者降低通道维度；

$H_{1\times1}(\cdot)$——直接映射，是卷积核尺寸为 1×1 的卷积滤波器。

浅层特征包含的低层结构信息虽然丰富，但是存在诸多冗余信息，因此选择在特征提取过程的中间层位置，将残差网络中的残差块替换为同向金字塔残差模块，而不是替换特征提取网络中的每一个残差块。此外，考虑残差部分的输出通道数是各个层级的通道数之和，大于输入残差块的特征通道数，因此，为了降低计算复杂度，在残差部分取代常规卷积滤波器的计算，并采用卷积核尺寸为 1×1 的卷积滤波器降低融合特征的维度，可以表示为：

$$\boldsymbol{x}_{l+1} = \boldsymbol{x}_l + H_{1\times1}[H'(\boldsymbol{x}_l, W_l)] \tag{2-6}$$

式中 $H'(\boldsymbol{x}_l, W_l)$——同向金字塔残差模块中的残差部分。

同向金字塔残差模块具有 3 个优点：

① 有效性：取代了基于扩张卷积的金字塔模型，通过分组的方式并行计算，计算效率高；

② 多尺度性：卷积核尺寸是从底层到顶层逐层增大的，可以从局部到全局的感受野中提取上下文多尺度特征信息；

③ 灵活性：相比常规卷积，可以更灵活地调节同向金字塔残差模块中残差部分的超参数(层数、组数、通道数、卷积核尺寸)。

特征提取网络的参数设置如表 2-1 所示。其中，CDPR 中卷积核的第二列表示通道数 64，第三列表示每层的组数 1，2，4。

表 2-1　特征提取网络的参数设置

层级名称	卷积核	输出
输入	—	$H\times W\times 3$
Conv0	3×3，LReLU	$H\times W\times 64$
Res0	$\begin{bmatrix}3\times3\\3\times3\end{bmatrix}$	$H\times W\times 64$
Res1	$\begin{bmatrix}3\times3\\3\times3\end{bmatrix}$	$H\times W\times 64$
CDPR	$\begin{bmatrix}3\times3, & 64, & 1\\5\times5, & 64, & 2\\7\times7, & 64, & 4\end{bmatrix}\times3, 1\times1$	$H\times W\times 64$
Res2	$\begin{bmatrix}3\times3\\3\times3\end{bmatrix}$	$H\times W\times 64$
Res3	$\begin{bmatrix}3\times3\\3\times3\end{bmatrix}$	$H\times W\times 64$

2.2.2　视差注意力机制

视差注意力机制将双目视觉中的对极几何关系引入注意力机制，充分利用外极线的约束，使网络能够专注于沿极线方向最相似的特征，而不是搜集图像所有像素位置中相似的特征来生成对应点[75]。获得立体图像中沿极线方向具有全局感受野的特征之后，计算双目图像不同视角位置间的相似性，生成具有不同响应值的视差注意力图像。视差注意力机制可以适用于各种视差变化的立体图像对，在集成立体图像对信息的过程中，大大减少了搜索空间，提高了搜索的效率。

视差注意力原理示意图如图 2-5 所示[75]。以图 2-5 中 $\boldsymbol{M}_{\mathrm{R\to L}}$ 为例，$\boldsymbol{M}_{\mathrm{R\to L}}(i,j,k)$ 表示在水平方向上，右图中像素位置相对左图中像素位置的权重，换言之，视差注意力图上的权重分布能够描述左图和右图之间的水平对应关系。利用视差注意力图的这一特性，视差注意力模块能够通过批量化矩阵乘法运算实现左右图之间特征的有效融合。

视差注意力图像生成的具体过程如下所示：

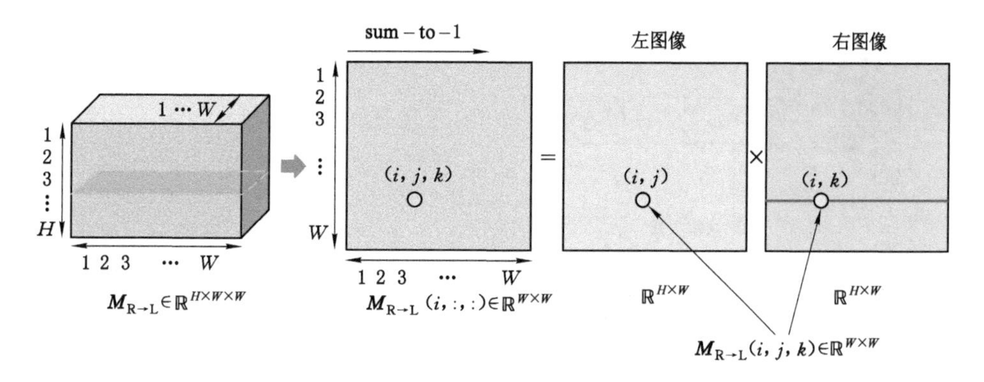

图 2-5 视差注意力原理示意图

首先，设两个特征图 $\boldsymbol{A}\in\mathbb{R}^{H\times W\times C}$ 和 $\boldsymbol{B}\in\mathbb{R}^{H\times W\times C}$，分别通过一个共享权重的常规残差块，得到 $\boldsymbol{A}_0\in\mathbb{R}^{H\times W\times C}$ 和 $\boldsymbol{B}_0\in\mathbb{R}^{H\times W\times C}$：

$$\boldsymbol{A}_0 = H_{\text{res}}(\boldsymbol{A}),\boldsymbol{B}_0 = H_{\text{res}}(\boldsymbol{B}) \tag{2-7}$$

式中 $H_{\text{res}}(\cdot)$——常规残差块。

然后，采用一个 1×1 卷积层将 $\boldsymbol{A}_0$ 变换为特征图 $\boldsymbol{Q}\in\mathbb{R}^{H\times W\times C}$；采用另一个 1×1 卷积层将 $\boldsymbol{B}_0$ 变换为 $\mathbb{R}^{H\times W\times C}$，进而经过变形操作得到特征图 $\boldsymbol{S}\in\mathbb{R}^{H\times W\times C}$，计算过程表示为：

$$\boldsymbol{Q} = H_{1\times1}(\boldsymbol{A}_0),\boldsymbol{S} = H_{\text{reshape}}(H_{1\times1}(\boldsymbol{B}_0)) \tag{2-8}$$

式中 $H_{\text{reshape}}(\cdot)$——变形操作。

最后，对特征图 $\boldsymbol{Q}\in\mathbb{R}^{H\times W\times C}$ 和经额外变形得到的 $\boldsymbol{S}\in\mathbb{R}^{H\times W\times C}$ 进行批量化矩阵相乘运算，并通过一个 Softmax 激活函数层，得到只在图像水平方向上进行运算的视差注意力图 $\boldsymbol{M}_{\text{R}\to\text{L}}\in\mathbb{R}^{H\times W\times W}$。当完成 $\boldsymbol{M}_{\text{R}\to\text{L}}$ 的计算后，对 $\boldsymbol{M}_{\text{R}\to\text{L}}$ 进行转置操作，得到 $\boldsymbol{M}_{\text{L}\to\text{R}}\in\mathbb{R}^{H\times W\times W}$。视差注意力图 $\boldsymbol{M}_{\text{R}\to\text{L}}$ 和 $\boldsymbol{M}_{\text{L}\to\text{R}}$ 的计算过程可以表示为：

$$\begin{cases}\boldsymbol{M}_{\text{R}\to\text{L}} = \sigma(\boldsymbol{Q}\times\boldsymbol{S}) \\ \boldsymbol{M}_{\text{L}\to\text{R}} = [\sigma(\boldsymbol{Q}\times\boldsymbol{S})]^{\text{T}}\end{cases} \tag{2-9}$$

式中 $\boldsymbol{M}_{\text{R}\to\text{L}}$——右图相对左图的视差注意力图；

$\boldsymbol{M}_{\text{L}\to\text{R}}$——左图相对右图的视差注意力图；

$\sigma(\cdot)$——Softmax 激活函数。

视差注意力图像的生成过程如图 2-6 所示。

2.2.3 可形变视差注意力模块

前两节中提到的特征提取网络和视差注意力机制均采用通用卷积神经网络来自动提取有用特征，所用卷积滤波器的几何结构是固定的。例如，标准方块卷积中的规则网格点采样（如图 2-1 所示，均有 9 个规则的采样像素点），会导致网络难以适应几何形变，其几何变换建模的能力存在局限性。

为了削弱这个限制，本节借鉴文献[155]提出的可形变卷积，在规则的网格采样像素点坐标位置上添加了一个位移量。该位移量的学习也视作一种网络参数学习，卷积核的大小和位置可以根据当前像素区域周围的相关性进行自适应调整，换言之，不同像素点的卷积核采样点位置会根据像素区域周围的相关性发生自适应偏移，通过计算偏移量可以更准确地

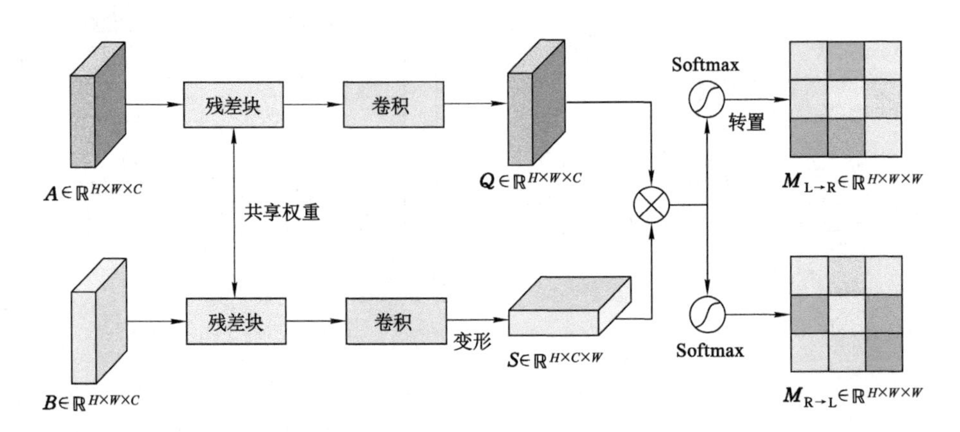

图 2-6　视差注意力图像的生成过程

获得目标对象的几何形状以及大小。结合 2.2.2 节中提到的利用相似性测度计算立体图像对之间像素偏移的视差注意力机制，构造可形变视差注意力模块，来提高卷积神经网络对几何变换的建模能力。

常规的卷积操作主要包括两个步骤：

① 在输入特征图 $\boldsymbol{x}$ 上使用规则网格 G 进行采样，其中 G 定义了感受野的大小和扩张尺度，例如，一个卷积核尺寸为 3×3 且扩张率为 1 的卷积滤波器可以定义为：

$$G=\{(-1,-1),(-1,0),\cdots,(0,1),(1,1)\} \tag{2-10}$$

② 在输入特征图 $\boldsymbol{x}$ 上的每个像素点位置 p_0 处进行加权求和运算，表示为：

$$\boldsymbol{y}(p_0)=\sum_{p_0\in R}W(p_n)\cdot\boldsymbol{x}(p_0+p_n) \tag{2-11}$$

式中　p_n——在规则网络 G 中像素点位置的枚举；

$W(\cdot)$——卷积核的权重；

$\boldsymbol{y}$——输出特征图。

可形变卷积是在上述常规卷积的基础上进行改进的。在可形变卷积中，除了使用常规卷积的方式计算卷积核的权重之外，也对空间采样像素点的位置进行了位移上的调整，即通过学习空间采样像素点位置的位移 $\{\Delta p_n|n=1,\cdots,N\}$ 对网格 G 进行扩张和补充，其中 N 为网络采样像素点的总个数。值得注意的是，位移偏移不是指对卷积核学习偏移，而是对网格中采样像素点的位置学习偏移。采样像素点的位移可以通过网络学习获得，不需要提供额外的监督信息，因此可以很容易在端到端的网络中通过反向传播进行训练。

在网络训练过程中，经过网络学习生成输出特征图的卷积核权重和偏移量。其中，卷积核的权重计算方式同常规卷积一致；位移偏移量是网格中采样像素点 p_0 位置的更新，采用另一个并行的常规卷积来计算。两者具有相同的空间分辨率和扩张率，可以通过梯度反向传播进行端到端的学习，区别是学习权重的对象不同。

网格采样像素点位置的更新过程可以表示为：

$$\boldsymbol{y}(p_0)=\sum_{p_0\in R}W(p_n)\cdot\boldsymbol{x}(p_0+p_n+\Delta p_n) \tag{2-12}$$

式中　Δp_n——位移偏移量，在不规则的偏移位置中，网格中采样像素点的位置表示为 $p_n+\Delta p_n$。

可形变卷积的目的是要将规则的采样像素点位置更新为不规则的，而且位移偏移量 Δp_n 通常是小数，因此，借鉴双线性插值的计算方法，即通过考虑与对应像素点距离最近的 4 个周围像素点来计算该点的值。采用双线性插值的方法更新网格采样像素点的位置，计算表达式为：

$$\boldsymbol{x}(p)=\sum_{q}G(q,p)\cdot\boldsymbol{x}(q) \tag{2-13}$$

式中　p——位移偏移量为小数的像素位置，$p=p_0+p_n+\Delta p_n$；

q——输入特征图 x 中所有整数空间位置的枚举；

$G(\cdot)$——双线性插值核。

双线性插值核 G 是二维的，分成两个一维核，表示为：

$$G(q,p)=g(q_x,p_x)\cdot g(q_y,p_y) \tag{2-14}$$

$$g(q,p)=\max(0,1-|q-p|) \tag{2-15}$$

可形变卷积的网络结构如图 2-7 所示。引入可形变卷积之后，把卷积网络分为主干和分支两个路径共享输入的原始特征图。

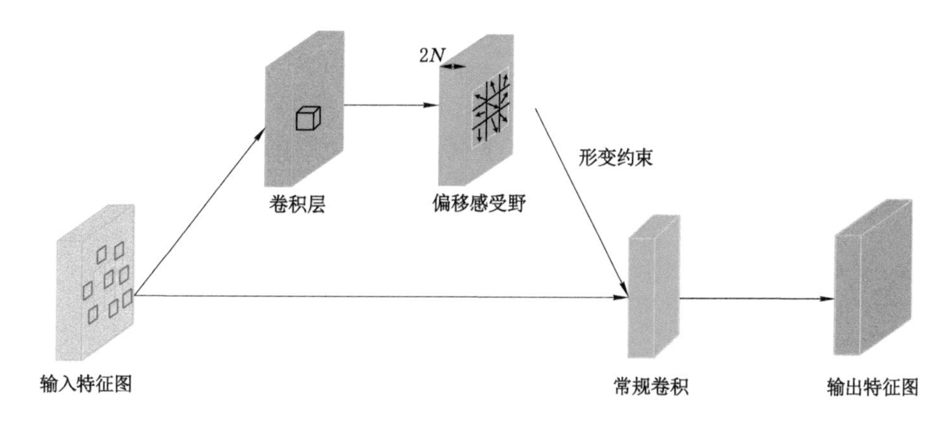

图 2-7　可形变卷积的网络结构示意图

① 主干支路：同常规 3×3 卷积的计算方式一致，即采用常规卷积操作得到常规卷积核的权重。

② 分支路径：同样采用常规卷积层在相同的输入特征图上进行操作，与主干支路的不同之处是为了获得位移偏移量，用于学习网格采样像素点在 x 和 y 两个方向上的偏移量的权重，进而得到更新后的偏移图像，其分辨率为 $H\times W\times 2N$（通道维度 $2N$ 对应 N 个 2D 偏移量）。值得注意的是，用于计算偏移量的原始卷积中的每一个卷积核窗口，都不再是原来常规的卷积核窗口，而是经过偏移后的更新窗口。

分支路径计算的偏移感受野可以为主干支路中原始的输入特征图提供额外的形变约束，该形变约束分支中输出的偏移感受野与原始输入特征图的空间分辨率是相同的。因此，在主干路径中将这两个特征图像共同作为可形变卷积层的输入，执行主干路径的卷积操作，进而得到经形变约束的输出特征图。

在采用 2.2.1 节提出的特征提取网络从低分辨率立体图像对中提取特征，且通过 2.2.2

节中的视差注意力机制生成两个视差注意力图之后，同文献[75]一样，由于视差注意力机制可以提取到两个图像中的对应关系，则在理想状态下，可以获得左右一致性，计算过程可以表示为：

$$\begin{cases}\boldsymbol{I}_{\mathrm{left}}^{\mathrm{L}}=\boldsymbol{M}_{\mathrm{R}\to\mathrm{L}}\times\boldsymbol{I}_{\mathrm{right}}^{\mathrm{L}}\\ \boldsymbol{I}_{\mathrm{right}}^{\mathrm{L}}=\boldsymbol{M}_{\mathrm{L}\to\mathrm{R}}\times\boldsymbol{I}_{\mathrm{left}}^{\mathrm{L}}\end{cases}\tag{2-16}$$

式中　$\boldsymbol{I}_{\mathrm{left}}^{\mathrm{L}}$，$\boldsymbol{I}_{\mathrm{right}}^{\mathrm{L}}$——从低分辨率的立体图像对中提取的特征。

获得左右一致性的约束之后，可以进一步得到循环一致性约束，表示为：

$$\begin{cases}\boldsymbol{I}_{\mathrm{left}}^{\mathrm{L}}=\boldsymbol{M}_{\mathrm{L}\to\mathrm{R}\to\mathrm{L}}\times\boldsymbol{I}_{\mathrm{left}}^{\mathrm{L}}\\ \boldsymbol{I}_{\mathrm{right}}^{\mathrm{L}}=\boldsymbol{M}_{\mathrm{R}\to\mathrm{L}\to\mathrm{R}}\times\boldsymbol{I}_{\mathrm{right}}^{\mathrm{L}}\end{cases}\tag{2-17}$$

其中，$\boldsymbol{M}_{\mathrm{L}\to\mathrm{R}\to\mathrm{L}}$和$\boldsymbol{M}_{\mathrm{R}\to\mathrm{L}\to\mathrm{R}}$均为单位矩阵，根据循环一致性约束，可以表示为：

$$\begin{cases}\boldsymbol{M}_{\mathrm{L}\to\mathrm{R}\to\mathrm{L}}=\boldsymbol{M}_{\mathrm{R}\to\mathrm{L}}\times\boldsymbol{M}_{\mathrm{L}\to\mathrm{R}}\\ \boldsymbol{M}_{\mathrm{R}\to\mathrm{L}\to\mathrm{R}}=\boldsymbol{M}_{\mathrm{L}\to\mathrm{R}}\times\boldsymbol{M}_{\mathrm{R}\to\mathrm{L}}\end{cases}\tag{2-18}$$

由式(2-16)和式(2-17)计算得到的左右一致性和循环一致性在理想情况下是成立的。然而，立体图像对之间不可避免地会存在遮挡区域，对于生成的视差注意力图，左图像中被遮挡的像素无法在右图像中找到对应的值，因此无法适用于这种情况。

为了对有效区域强制一致性的同时不对遮挡区域强制一致性，本节采用文献[75]中提出的遮挡检测方法生成有效掩码，并用于可形变视差注意力模块，且只在网络训练过程中采用该遮挡检测算法。

通常，赋予遮挡区域中像素较小的权重，即将遮挡的像素值减小为零，认为这些像素是处于闭塞缺失的状态。计算公式为：

$$\boldsymbol{V}_{\mathrm{L}\to\mathrm{R}}(i,j)=\begin{cases}1, & \sum\limits_{k\in[1,w]}\boldsymbol{M}_{\mathrm{L}\to\mathrm{R}}(i,k,j)>\tau\\ 0, & \text{其他}\end{cases}\tag{2-19}$$

式中　μ——阈值，设置为0.1；

$V_{\mathrm{L}\to\mathrm{R}}(i,j)$——左视角图像相对右视角图像的有效掩码图；

$\boldsymbol{M}_{\mathrm{L}\to\mathrm{R}}(i,k,j)$——左图像素点位置$(i,j)$对应右图像素点位置$(i,k)$的相似值。

同理，可得右视角图像相对左视角图像的有效掩码图$\boldsymbol{V}_{\mathrm{R}\to\mathrm{L}}(i,k)$，表示为：

$$\boldsymbol{V}_{\mathrm{R}\to\mathrm{L}}(i,k)=\begin{cases}1, & \sum\limits_{j\in[1,w]}\boldsymbol{M}_{\mathrm{R}\to\mathrm{L}}(i,k,j)>\tau\\ 0, & \text{其他}\end{cases}\tag{2-20}$$

式中　$\boldsymbol{M}_{\mathrm{R}\to\mathrm{L}}(i,k,j)$——右图像素点位置$(i,k)$对应左图像素点位置$(i,j)$的相似值。

值得注意的是，左图像中存在的闭塞区域不能从另一个视角图像中获得额外的辅助信息。所以式(2-19)和式(2-20)生成的有效掩码中，存在形态学意义上的孤立像素和孔洞。在传统方法中，通常采用形态学操作来处理有效掩码中的孤立像素点和孔洞。因此，本节同样采用形态学方法处理有效掩码图$\boldsymbol{V}_{\mathrm{L}\to\mathrm{R}}$和$\boldsymbol{V}_{\mathrm{R}\to\mathrm{L}}$，具体包括3个步骤：

① 去除尺寸小于3的连续孔洞；

② 采用闭运算，即通过先膨胀再腐蚀操作，用于孔洞的填充和扩张；

③ 用边长为5的圆形滤波器进行膨胀滤波。

为了整合左右两个视图多方面的图像信息，在逐批次将输入特征经过可形变卷积操作

得到 $\boldsymbol{F}_{\mathrm{L}}$ 和 $\boldsymbol{F}_{\mathrm{R}}$ 之后，分别与 $\boldsymbol{M}_{\mathrm{L}\rightarrow\mathrm{R}}$ 和 $\boldsymbol{M}_{\mathrm{R}\rightarrow\mathrm{L}}$ 进行矩阵乘积运算，表示为：

$$\begin{cases}\boldsymbol{F}_{\mathrm{L}\rightarrow\mathrm{R}} = \boldsymbol{M}_{\mathrm{L}\rightarrow\mathrm{R}} \times \boldsymbol{F}_{\mathrm{L}} \\ \boldsymbol{F}_{\mathrm{R}\rightarrow\mathrm{L}} = \boldsymbol{M}_{\mathrm{R}\rightarrow\mathrm{L}} \times \boldsymbol{F}_{\mathrm{R}}\end{cases} \tag{2-21}$$

式中　$\boldsymbol{F}_{\mathrm{L}\rightarrow\mathrm{R}}$，$\boldsymbol{F}_{\mathrm{R}\rightarrow\mathrm{L}}$——分别为从左视角到右视角和从右视角到左视角的形变特征图。

将左特征图 $\boldsymbol{F}_{\mathrm{L}}$、从右视角到左视角的形变特征图 $\boldsymbol{F}_{\mathrm{R}\rightarrow\mathrm{L}}$ 以及左视角图像相对右视角图像的有效掩码图 $\boldsymbol{V}_{\mathrm{L}\rightarrow\mathrm{R}}$ 进行级联操作，并将级联后的特征输入卷积核尺寸为 1×1 的卷积层中以进一步整合，生成融合后的左特征图 $\boldsymbol{F}_{\mathrm{L}}' \in \mathbb{R}^{H\times W\times C}$：

$$\boldsymbol{F}'_{\mathrm{L}} = H_{1\times1}([\boldsymbol{F}_{\mathrm{L}}, \boldsymbol{F}_{\mathrm{R}\rightarrow\mathrm{L}}, \boldsymbol{V}_{\mathrm{L}\rightarrow\mathrm{R}}]) \tag{2-22}$$

同理，如式(2-22)所示，利用右特征图 $\boldsymbol{F}_{\mathrm{R}}$、从左视角到右视角的形变特征图 $\boldsymbol{F}_{\mathrm{L}\rightarrow\mathrm{R}}$ 以及右视角图像相对左视角图像的有效掩码图 $\boldsymbol{V}_{\mathrm{R}\rightarrow\mathrm{L}}$ 执行同样的操作，生成融合后的右特征图 $\boldsymbol{F}_{\mathrm{R}}' \in \mathbb{R}^{H\times W\times C}$：

$$\boldsymbol{F}'_{\mathrm{R}} = H_{1\times1}([\boldsymbol{F}_{\mathrm{R}}, \boldsymbol{F}_{\mathrm{L}\rightarrow\mathrm{R}}, \boldsymbol{V}_{\mathrm{R}\rightarrow\mathrm{L}}]) \tag{2-23}$$

对融合后的左右两个特征图 $\boldsymbol{F}_{\mathrm{L}}'$ 和 $\boldsymbol{F}_{\mathrm{R}}'$ 分别采用像素重组的方式上采样，最终通过卷积核尺寸为 3×3 的卷积层得到高分辨率的左右两幅图像。

可形变视差注意力模块的结构如图 2-8 所示。可形变视差注意力模块充分利用了可形变卷积和视差注意力机制的优势。可形变注意力模块能够对立体图像对中沿极线方向的全局像素信息进行相似性计算，且适用于各种视差变化的图像。同时，在整合信息的过程中，对特征图中每个网格采样像素点的位置都增加了一个偏移量。通过这些变量，卷积滤波器可以在当前像素位置附近自适应下采样，不再局限于规则网格点采样，具有更强的灵活性与鲁棒性。

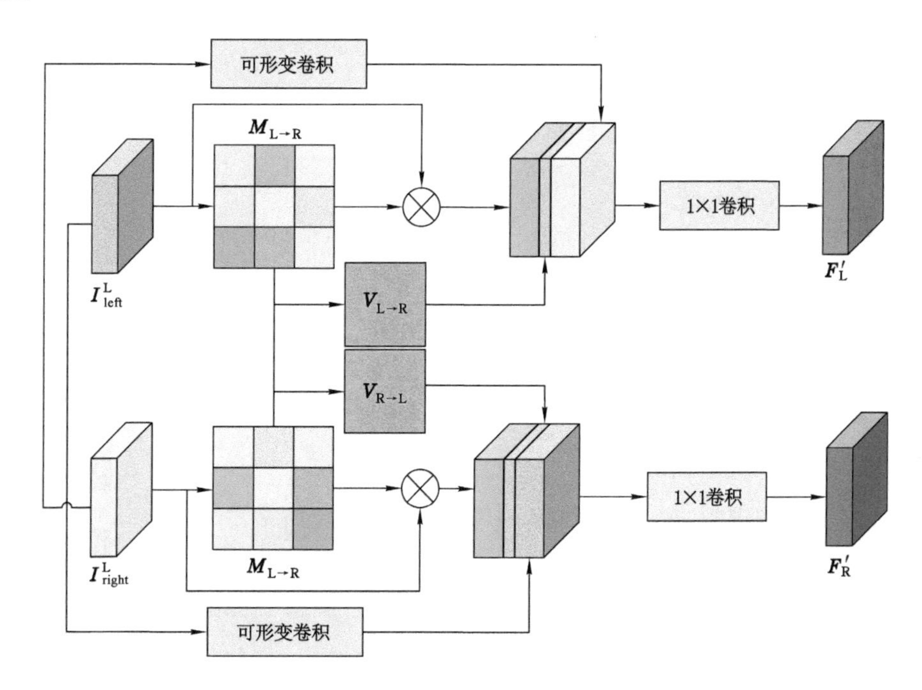

图 2-8　可形变视差注意力模块结构示意图

可形变视差注意力模块的参数设置如表 2-2 所示。

表 2-2 可形变视差注意力模块的参数设置

层级名称	卷积核	输入	输出
Res4	$\begin{bmatrix}3\times3\\3\times3\end{bmatrix}$	$H\times W\times 64$	$H\times W\times 64$
Conv1	1×1	$H\times W\times 64$	$H\times W\times 64$
Conv2	1×1,变形	$H\times W\times 64$	$H\times 64\times W$
Att_map	Conv1×Conv2	$H\times W\times 64$ $H\times 64\times W$	$H\times W\times W$
DP	—	$H\times W\times 64$	$H\times W\times 64$
乘积层	Att_map×Res4	$H\times W\times W$ $H\times W\times 64$	$H\times W\times 64$
融合	1×1	$H\times W\times 129$	$H\times W\times 64$
Res5	$\begin{bmatrix}3\times3\\3\times3\end{bmatrix}\times 4$	$H\times W\times 64$	$H\times W\times 64$
Sub-pixel	1×1,像素重组	$H\times W\times 64$	$sH\times sW\times 64$
Conv3	3×3	$sH\times sW\times 64$	$sH\times sW\times 3$

2.3 立体超分辨率网络模型

2.3.1 整体结构

立体超分辨率整体网络框架如图 2-9 所示。

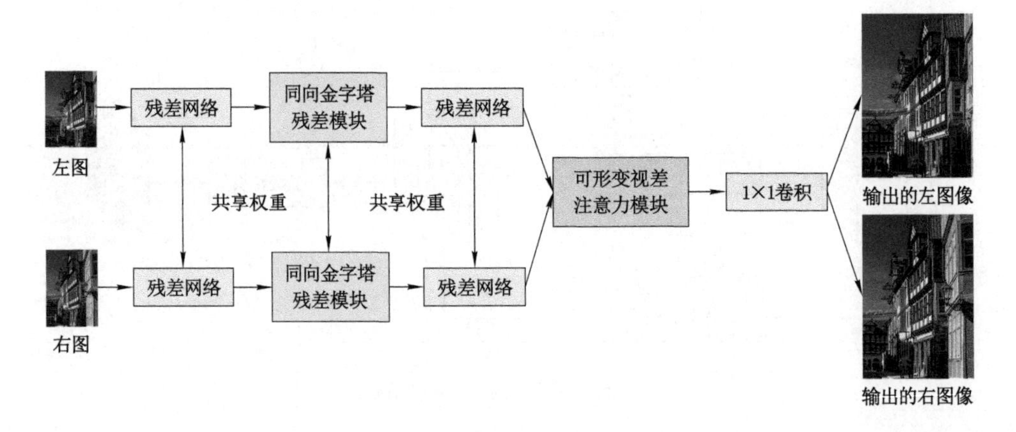

图 2-9 立体超分辨率整体网络框架示意图

首先给出两幅左右视角的低分辨率 RGB 图像。接着,利用一个共享权重的同向金字塔残差模块对残差网络提取的中间层特征进行多样化提取。然后,将左右视图提取的特征输入可形变视差注意力模块,对于左图像中的每个像素,计算其与右图像中所有可能视差值的像素相似性,进而生成视差注意力图,并利用可形变卷积对左图像进行特征更新,去引导立体对应点的进一步融合。最后,通过卷积核尺寸为 1×1 的卷积层整合两个视图多方面的图像信息,从而生成高分辨率的 RGB 图像。

2.3.2 损失函数

在本章的网络训练中,采用的损失函数[75]表达式为:

$$L = L_{SR} + \lambda(L_P + L_S + L_C) \tag{2-24}$$

式中 λ——系数,设置为 0.005。

各子损失项分别定义如下。

(1) 均方误差

均方误差(Mean Square Error,MSE)用于计算超分辨率网络的损失,计算输出的超分辨率图像 $\boldsymbol{I}_L^{SR}$ 与真值图像 $\boldsymbol{I}_L^H$ 之间的误差值 L_{SR} 表示为:

$$L_{SR} = \| \boldsymbol{I}_L^{SR} - \boldsymbol{I}_L^H \|_1 \tag{2-25}$$

(2) 照度损失

视差注意力图与右视角图像的批量化矩阵乘法可以得到左视角图像,反之亦然。因此,鉴于视差注意力图像是左右图像之间的转换连接,它能够较好地反映左右视图之间的对应关系。利用视差注意力图计算照度损失,用于评估立体图像间照度的左右一致性,计算公式为:

$$L_P = \sum_{p \in \boldsymbol{V}_{L\to R}} \| \boldsymbol{I}_{left}^L(p) - \boldsymbol{M}_{R\to L} \otimes \boldsymbol{I}_{right}^L(p) \|_1 + \sum_{p \in \boldsymbol{V}_{R\to L}} \| \boldsymbol{I}_{right}^L(p) - \boldsymbol{M}_{L\to R} \otimes \boldsymbol{I}_{left}^L(p) \|_1 \tag{2-26}$$

(3) 平滑损失

视差注意力图中的像素值代表计算的左右特征相似性,因此对视差注意力图进行平滑损失计算,可以用于判断所在局部区域的平滑性。损失表达式为:

$$L_S = \sum_{\boldsymbol{M}} \sum_{i,j,k} (\| \boldsymbol{M}(i,j,k) - \boldsymbol{M}(i+1,j,k) \|_1 + \| \boldsymbol{M}(i,j,k) - \boldsymbol{M}(i,j+1,k+1) \|_1) \tag{2-27}$$

式中 $\boldsymbol{M} \in \{\boldsymbol{M}_{L\to R}, \boldsymbol{M}_{R\to L}\}$——在垂直和水平两个方向上注意力的一致性。

(4) 循环一致性损失

在理想情况下,对于无遮挡的有效区域,左视图或者右视图经过两次注意力图的映射后,应当能够得到原来的左视图或者右视图,构成一个封闭的循环模式,且由左右一致性损失可以递推出循环一致性损失。根据这一性质,循环一致性损失可以用于对立体图像间的潜在几何关系进一步正则化,表示为:

$$L_C = \sum_{p \in \boldsymbol{V}_{L\to R}} \| \boldsymbol{M}_{L\to R\to L}(p) - \boldsymbol{I}(p) \|_1 + \sum_{p \in \boldsymbol{V}_{R\to L}} \| \boldsymbol{M}_{R\to L\to R}(p) - \boldsymbol{I}(p) \|_1 \tag{2-28}$$

式中 $\boldsymbol{I}$——单位矩阵的堆栈,$\boldsymbol{I}^{H\times W\times W}$。

2.4 实验结果分析与讨论

2.4.1 实验设置与评价指标

2.4.1.1 数据集

(1) Flickr 1024 数据集

现有的立体数据集图像[156]数量不够，场景类型有限，不适用于立体超分辨率任务。因此，采用 Flickr 1024 数据集[157]作为训练集，它是迄今为止规模最大，场景类型变化明显，且适用于立体视觉任务的立体超分辨率图像数据集。Flickr 1024 数据集共包含 1 024 对高质量、高分辨率的图像，而且图像的分辨率不尽相同，宽和高都是随机设置的。Flicker 1024 数据集涵盖了丰富的不同类型场景，而且其中的场景与日常拍摄的真实场景具有相当高的相似度。Flickr 1024 数据集的示例如图 2-10 所示，其中，第一行表示左图像，第二行表示右图像。

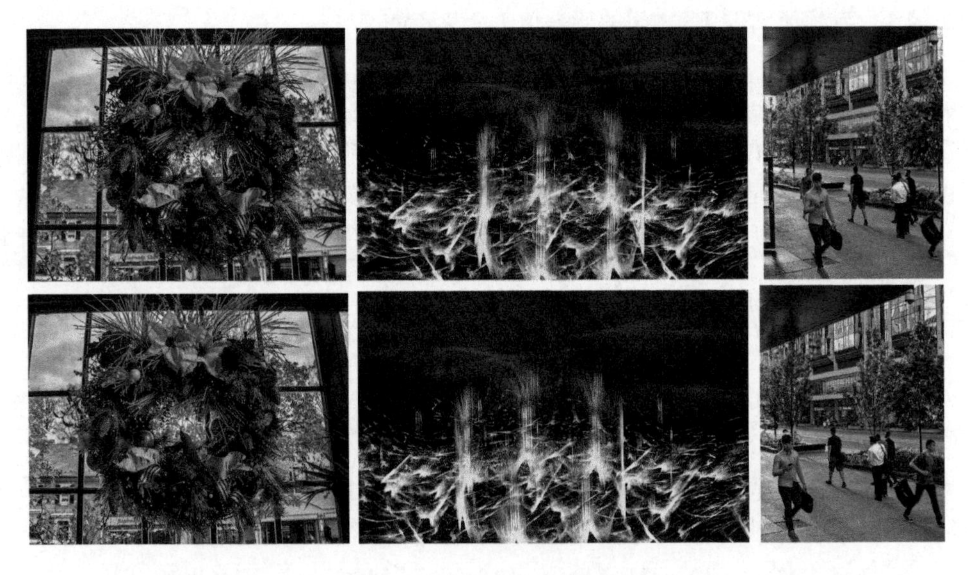

图 2-10 Flickr 1024 数据集

(2) Middlebury 数据集

Middlebury 平台提供了 4 组图像，分别为 Cones、Teddy、Tsukuba 和 Venus。Middlebury 数据集的图片数量远小于 Flickr 1024 数据集，有限的图像样本以及图像内容的多样化对于深度学习方法来说是个巨大的挑战，特别是基于端到端的深度学习网络模型。因此，针对 Middlebury 数据集的特性，不进行网络微调的学习，即在大规模的 Flickr 1024 数据集预训练网络模型之后，直接使用该数据集进行测试来证明本章所提出的网络的有效性。Middlebury 数据集的示例如图 2-11 所示。

(3) KITTI 数据集

KITTI 数据集的示例如图 2-12 所示。KITTI 数据集是使用双目摄像头专门针对城市

图 2-11 Middlebury 数据集

以及乡村街景道路而拍摄的立体数据集，包括常见的户外驾驶真实场景。该数据集共包含 KITTI 2012[158] 和 KITTI 2015[159] 两个子数据集。这两个子数据集包含左右两个视角的图像，而且数量较少。与 Flickr 1024 数据集的不同之处在于 KITTI 数据集包含更丰富的远景图像和近景图像。图像的高度为 376，宽度为 1 248，最大视差为 128。

(a) KITTI 2012数据集

(b) KITTI 2015数据集

图 2-12 KITTI 数据集

2.4.1.2 实验设置

按照文献[75]的步骤，首先使用双三次插值对高分辨率图像执行 2 倍和 4 倍的下采样操作，从而生成低分辨率的立体图像对，然后按照步长为 20 的像素间隔从这些低分辨率图像中裁剪出分辨率大小为 30×90 的图像块，同时裁剪对应的高分辨率图像生成相应的图像块。在本章采用的训练数据集中，预先随机地水平和垂直翻转图像块以增强数据。为了保持极线约束，本章的图像预处理没有进行旋转操作。在网络测试部分，使用来自 Middlebury 数据集中的 5 张图像，来自 KITTI 2012 数据集的 20 张图像和来自 KITTI 2015 数据集的 20 张图像作为基准数据集。

本章提出的网络均使用 PyTorch 实现，并在单个 GeForce RTX 2080Ti 上训练网络。与文献[75]一样，设置训练批次大小为 32，采用 Adam 优化方法，其中，$\beta_1=0.9$，$\beta_2=0.999$。此外，设置初始学习率为 2×10^{-4}，并且每间隔 30 个迭代周期，学习率减小为其中的一半，当继续训练不能进一步提升性能时，停止网络训练。

2.4.1.3 评价指标

在关于超分辨率图像的评价指标中，通常使用峰值信噪比[160]（Peak Signal-to-Noise Ratio，PSNR）和结构相似性[161]（Structural Similarity Index Measure，SSIM）来评估超分辨率的性能。

（1）峰值信噪比

峰值信噪比是超分辨率重建中评价图像质量的一项重要指标，单位是 dB，数值越大表示失真越小。定义无失真图像是 $\boldsymbol{I}_{m\times n}$，失真图像是 $\boldsymbol{K}_{m\times n}$，均方误差 MSE 定义为：

$$\mathrm{MSE}=\frac{1}{mn}\sum_{i=0}^{m-1}\sum_{j=0}^{n-1}[\boldsymbol{I}(i,j)-\boldsymbol{K}(i,j)]^2 \tag{2-29}$$

$$\mathrm{PSNR}=10\lg\left(\frac{\mathrm{MAX}_I^2}{\mathrm{MSE}}\right) \tag{2-30}$$

式中 MAX_I^2——图片的最大像素值。

（2）结构相似性

结构相似性是针对无失真和失真这两幅不同质量的图像，衡量其相似程度的一个评估指标。计算公式可以表示为：

$$\mathrm{SSIM}(x,y)=\frac{(2\mu_x\mu_y+C_1)(2\sigma+C_2)}{(\mu_x^2\mu_y^2+C_1)(\sigma_x^2\sigma_y^2+C_2)} \tag{2-31}$$

式中 $C_1=(k_1L)^2$——用于维持稳定的常数，$k_1=0.01$；

$C_2=(k_2L)^2$——用于维持稳定的常数，$k_2=0.03$；

μ_x——x 的平均值；

μ_y——y 的平均值；

σ_x^2——x 的方差；

σ_y^2——y 的方差；

σ_{xy}——x 和 y 的协方差；

L——像素值的动态范围。

2.4.2 模型的实验分析

2.4.2.1 消融实验

在本节中，为了验证本章所提出的多样化特征学习子网络模块对于立体超分辨率网络的有效性，分别将特征提取部分的残差扩张空间金字塔模块RASP和同向金字塔残差模块CDPR与可形变视差注意力模块DPA对应结合进行消融实验。模型的消融实验对比如表2-3所示。

表2-3 模型的消融实验对比

消融实验结构设置	KITTI 2015		Middlebury	
	PSNR/dB	SSIM	PSNR/dB	SSIM
RASP[75]	25.43	0.776	28.63	0.871
CDPR	25.45	0.779	28.66	0.874
RASP+DPA	25.46	0.780	28.69	0.877
CDPR+DPA	25.49	0.782	28.71	0.879

由表2-3可知，在特征提取过程中，相比使用残差扩张空间金字塔模块RASP[75]，当使用同向金字塔残差模块CDPR由分层卷积、分组计算和跳跃连接3种方式相结合共同构建时，在两个数据集上依次计算所得的PSNR增益分别为0.02 dB和0.03 dB，SSIM增益均为0.003，计算精度均得到了显著提高。由此可以证明同向金字塔残差模块增加了特征学习的多样性，与残差网络相结合能够多次利用不同层级的特征信息，不仅增大了感受野，同时也获取了图像的细节信息，有助于网络的更深层级学习。

另外，相比仅采用同向金字塔残差模块CDPR计算的结果，结合同向金字塔残差模块CDPR和可形变视差注意力模块DPA计算得到的PSNR增益分别为0.04 dB和0.05 dB，SSIM增益分别为0.003和0.005。可形变视差注意力模块整合了可形变卷积和视差注意力机制，其优势不仅在于只沿水平极线方向上寻找具有相似性和全局感受野的视差信息，而且可以更大范围地结合所在像素周围的局部信息，有助于网络的多样化特征学习。两者结合对于立体超分辨率网络的性能提升具有明显的作用，且能够进一步判别另一个视角图像中具有一定几何形变的目标对象，扩充了已有的网络结构，无须重新预训练。

2.4.2.2 模型计算复杂度分析

针对同向金字塔残差模块CDPR、可形变视差注意力模块DPA、残差扩张空间金字塔模块RASP以及常规残差模块RES这4个模块分别构建网络进行参数量Params和浮点运算次数(Floating-Point Operations Per Second，FLOPs)的比较分析。比较结果如表2-4所示，其中✓号表示模块被选用，默认采用基于视差注意力模块的立体超分辨率网络。

表 2-4 模型计算复杂度比较

RES	RASP	CDPR	DPA	Params(M)	FLOPs
✓				1.37	5.35
✓			✓	1.40	5.73
	✓			1.42	6.08
	✓		✓	1.45	6.46
		✓		1.43	6.14
		✓	✓	1.46	6.52

由表 2-4 可知，同向金字塔残差模块 CDPR 的参数量与残差扩张空间金字塔模块 RASP 相差很少，基本可以忽略不计；相较其余 3 种特征提取部分的计算来说，加入可形变约束之后增加的参数量也较少，因为可形变约束的计算过程与常规卷积相同，区别在于学习权重的目标对象是位移偏移量。因此，可以证明本章提出的模型能够利用较少的计算和内存开销学习到多样化的图像特征表示，从而提高网络的超分辨率性能。

2.4.2.3 模型对比分析

为了验证基于多样化特征学习的立体超分辨率网络具有优越的性能，在 3 个公共基准数据集上将本章所提出网络与现有的经典单图超分辨率方法进行对比分析，诸如 SRCNN[57]、VDSR[59]、DRRN[64]、LapSRN[162]、DRCN[61]。除了与单目超分辨率进行对比之外，也与立体图像超分辨率方法进行比较，诸如 StereoSR[74] 和 PASSRnet[75]。对比结果分别如表 2-5 和表 2-6 所示，其中，分别对单目和双目两种不同类型的超分辨率任务进行 2 倍和 4 倍下采样的超分辨率结果比较，计算的结果中第一行表示 PSNR 值，第二行表示 SSIM 值。

表 2-5 单目超分辨率算法结果对比

网络模型	Middlebury		KITTI 2012		KITTI 2015	
	×2	×4	×2	×4	×2	×4
SRCNN[57]	32.05 0.935	27.46 0.843	29.75 0.901	25.53 0.764	28.77 0.901	24.68 0.744
VDSR[59]	32.66 0.941	27.89 0.853	30.17 0.906	25.93 0.778	28.99 0.904	25.01 0.760
DRRN[64]	32.91 0.945	27.93 0.855	30.16 0.908	25.94 0.773	29.00 0.906	25.05 0.756
LapSRN[162]	32.75 0.940	27.98 0.861	30.10 0.905	25.96 0.779	28.97 0.903	25.03 0.760
DRCN[61]	32.82 0.941	27.93 0.856	30.19 0.906	25.92 0.777	29.04 0.904	25.04 0.759
本章算法	34.12 0.966	28.71 0.879	30.74 0.921	26.31 0.795	29.83 0.926	25.49 0.782

表 2-6 双目超分辨率算法结果对比

网络模型	Middlebury		KITTI 2012		KITTI 2015	
	×2	×4	×2	×4	×2	×4
StereoSR[74]	33.05 0.955	26.80 0.850	30.13 0.908	—	29.09 0.909	—
PASSRnet[75]	34.05 0.960	28.63 0.871	30.65 0.916	26.26 0.790	29.78 0.919	25.43 0.776
本章算法	34.12 0.966	28.71 0.879	30.74 0.921	26.31 0.795	29.83 0.926	25.49 0.782

由表 2-5 可知，双目立体超分辨率的细节恢复性能均优于单图超分辨率，可以得出，立体图像提供的另一个视角中包含的像素偏移信息，为图像的细节恢复提供了必不可少的辅助作用。由表 2-6 可知，相比其他两种立体超分辨率算法，本章所提出的多样化特征子网络学习模块取得了优越的计算结果。其中，对于采样因子为 2 的超分辨率结果来说，与精度最高的 PASSRnet 相比，本章算法在 3 个数据集上依次计算得到的 PSNR 增益分别为 0.07 dB、0.09 dB 和 0.05 dB，SSIM 增益分别为 0.006、0.005 和 0.007；对于重建更具挑战性的采样因子为 4 的超分辨率结果来说，与精度最高的 PASSRnet 相比，本章算法在 3 个数据集上依次计算得到的 PSNR 增益分别为 0.08 dB、0.05 dB 和 0.06 dB，SSIM 增益分别为 0.008、0.005 和0.006。

因此，结果表明立体超分辨率比单图超分辨率更有助于恢复图像细节，且相比现有的立体超分辨率算法，多样化的特征学习能够获取左右视角更加丰富的特征信息，同时在计算两个视角像素相似性时加入了更加多样的对象信息引导，进一步提高了模型重建细节的性能。

本章选择 KITTI 2015 数据集图像中的远景图案(路灯)和近景图案(指示牌)分别进行放大显示，如图 2-13 所示，展示了采样因子为 4 的超分辨率图像比较结果，从上到下、从左到右依次排列为：SRCNN[57]、VDSR[59]、LapSRN[162]、DRCN[61]、PASSRnet[75]、本章算法，图像下方的数值表示立体超分辨率图像的评估指标，标记为 PSNR、SSIM。

从图 2-13 中可以看出，对于近景图案指示牌和远景图案路灯来说，相比其他单图超分辨率网络，本章算法恢复的图像细节更丰富，轮廓更完整，PSNR 和 SSIM 增益明显提升；相比性能最好的立体超分辨率网络 PASSRnet，本章算法恢复的图像也更清楚和细致，PSNR 增益均为 0.04 dB，SSIM 增益分别为 0.003 和 0.002。这证明了本章提出的多样化特征学习子网络算法在恢复远景和近景方面均具有良好的重建能力，进一步表明同向金字塔残差模块可以提高图像特征的多样性，而且可形变视差注意力模块可以提供另一个视角中丰富多样的特征信息，增强了立体超分辨率网络的学习能力和重建性能。

根据人类双目视觉原理，建筑物上的字母标志相较别的建筑细节更加复杂，想要清楚识别会存在一定的困难和挑战。因此，挑选建筑物上的字母进行放大显示，以进一步分析放大的字母对于细节的恢复能力。采样因子为 2 的超分辨率图像如图 2-14 所示，红色实线框表示被放大的原始分辨率图案(建筑英文名称)，红色虚线表示的是基准图像中对应建筑英文名称的放大图像，从上到下、从左到右依次排列为：真值图、SRCNN[57]、SRDenseNet[62]、VDSR[59]、LapSRN[162]、PASSRnet[75]和本章算法。

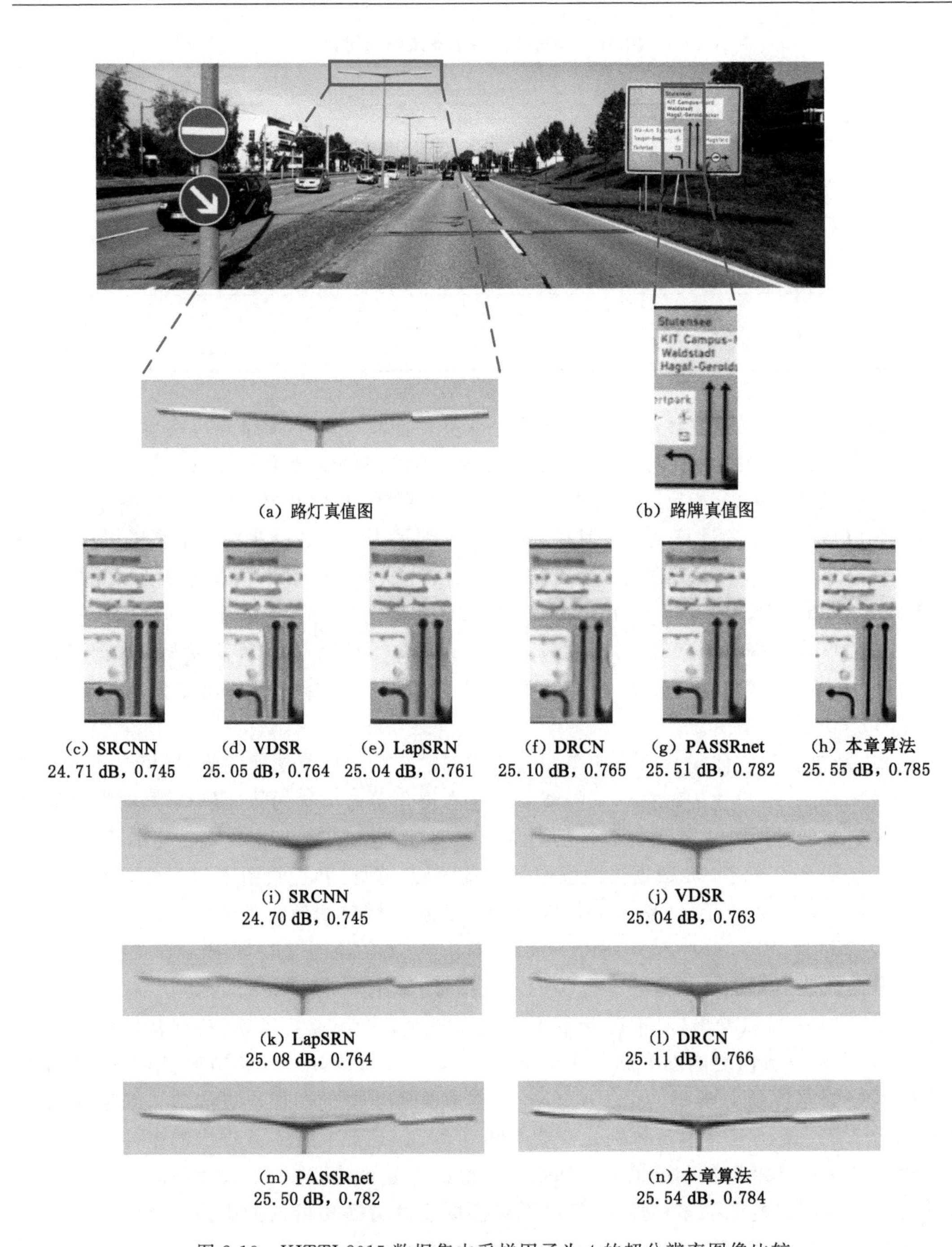

(a) 路灯真值图　(b) 路牌真值图

(c) SRCNN 24.71 dB，0.745　(d) VDSR 25.05 dB，0.764　(e) LapSRN 25.04 dB，0.761　(f) DRCN 25.10 dB，0.765　(g) PASSRnet 25.51 dB，0.782　(h) 本章算法 25.55 dB，0.785

(i) SRCNN 24.70 dB，0.745　(j) VDSR 25.04 dB，0.763

(k) LapSRN 25.08 dB，0.764　(l) DRCN 25.11 dB，0.766

(m) PASSRnet 25.50 dB，0.782　(n) 本章算法 25.54 dB，0.784

图 2-13　KITTI 2015 数据集中采样因子为 4 的超分辨率图像比较

从图 2-14 中可以看出，A、R、L 和 T 这 4 个字母的轮廓更加完整，细节更清晰，更容易准确识别，表明本章提出的多样化特征子网络可以学习低分辨率图像中不同感受野的特征信息，从而重建图像复杂的细节和结构轮廓。实验结果进一步证明了在采用视差注意力机制有效生成可靠对应关系的基础上，通过多样化特征学习方式，获得了丰富的图像特征，从而有助于网络的学习与推理，提高了立体超分辨率方法的性能。

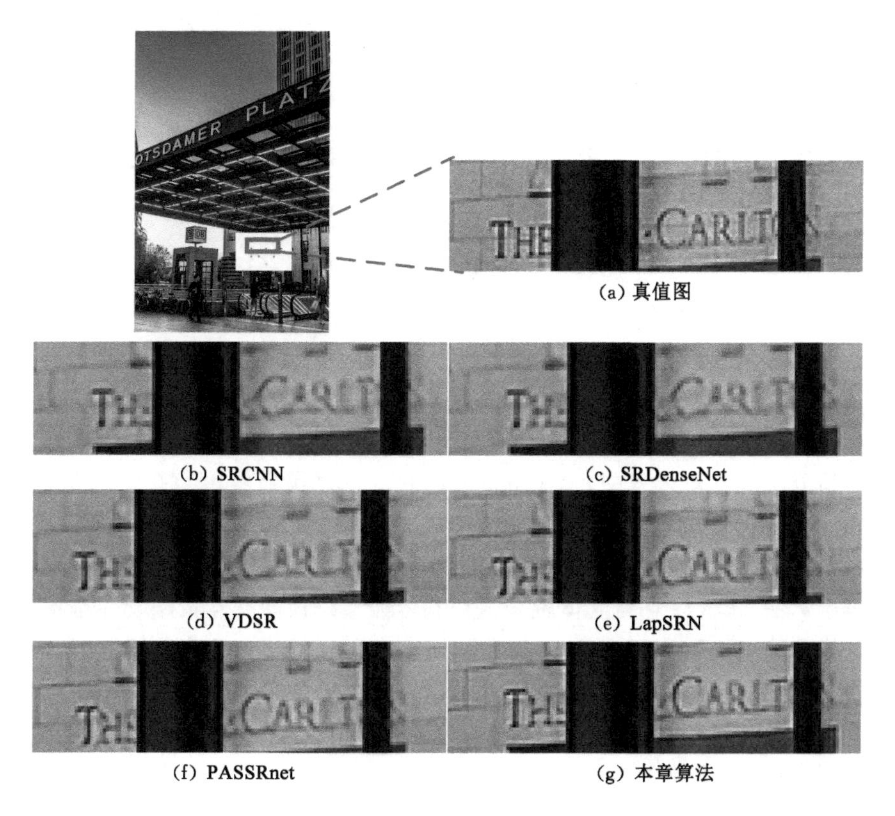

(a) 真值图

(b) SRCNN (c) SRDenseNet

(d) VDSR (e) LapSRN

(f) PASSRnet (g) 本章算法

图 2-14 Flickr 1024 数据集中采样因子为 2 的超分辨率图像比较

2.5 本章小结

本章提出了一个面向立体图像超分辨率的多样化特征学习子网络算法，主要包括同向金字塔残差模块和可形变视差注意力模块。在特征提取过程中，同向金字塔残差模块由分层卷积、分组计算和跳跃连接 3 种方式相结合共同构建，不仅增大了感受野，同时也获取了图像的细节信息。可形变视差注意力模块整合了可形变卷积和视差注意力机制，能够获取沿极线方向具有全局感受野的视差信息，且能够进一步判别另一个视角图像中具有一定几何形变的目标对象，扩充了已有的网络结构，无须重新预训练。在 Middlebury 数据集中，相比 StereoSR，当采样因子为 2 时，PSNR 和 SSIM 值提高了 1.07 dB 和 0.011；当采样因子为 4 时，PSNR 和 SSIM 值提高了 1.91 dB 和 0.029。实验结果证明了在采用视差注意力机制有效生成可靠对应关系的基础上，通过多样化特征学习方式，可以获得丰富的图像特征，从而有助于网络的学习与推理，同时提高了立体超分辨率方法的性能。

3 跨视图注意力交互融合立体超分辨率算法研究

3.1 引　　言

在立体超分辨率重建过程中，上一章提取的特征信息丰富程度直接影响重建图像的纹理细节。除此之外，在网络学习过程中立体图像对之间对应像素的纹理细节也应尽可能保持一致，故而本章针对立体图像对的信息交互和立体一致性提出了跨视图注意力交互融合立体超分辨率算法，包含注意力立体融合模块和增强型跨视图交互策略。在本章中，充分利用单图超分辨率网络提取视图内信息的能力，结合上一章的视差注意力机制，构建注意力立体融合模块，并将其模块安插到左右单图超分辨率网络分支的不同层级之间，使用三分支结构跨维度交互通道与图像长和宽两个方向的信息来计算注意力权重，保证恢复高分辨率细节的同时，也保持立体图像对之间的立体一致性。之后，提出增强型跨视图交互策略，采用竖向稀疏方式整合两个单图超分辨率子分支中不同层级的视图内信息，采用横向稠密方式连接邻近的注意力立体融合模块，结合特征融合方式进一步加强立体图像一致性之间的约束。最后，在 Flickr 1024、Middlebury 和 KITTI 3 个基准数据集上进行实验，以 KITTI 2015 数据集为例，在定量度量方面，当采样因子为 4 时本章算法和 SRResNet 相结合的模型相比 PASSRnet 计算的 PSNR 和 SSIM 值分别提高了 0.19 dB 和 0.012；在定性度量方面，生成的超分辨率图像均优于现有的立体超分辨率方法和单图超分辨率网络方法计算的结果图。实验结果表明，本章所提出的算法在保持图像对立体一致性的同时，有效捕获了立体图像之间的对应关系，提高了立体图像恢复细节的能力，在定量度量和定性视觉质量方面均优于现有的立体图像超分辨率方法。

3.2 注意力交互融合

基于 2.2.2 节中提到的视差注意力机制，本章将其与在多个维度上提升网络性能的注意力方法相结合，构建一种有效的注意力模型以提高不同维度之间的相互依赖能力。

自注意力与视差注意力原理如图 3-1 所示[75]。自注意力机制是搜索图像中的每个像素，即图像全局范围内的像素值均会影响注意力的学习。自注意力机制的目的是选择聚焦的位置，从而生成更具判别性和注意力感知的特征表示，并且不同层级的特征会随着网络的加深产生适应性的变化。与自注意力机制不同，视差注意力机制将搜索空间限制在图像中对应的一条水平极线上，而不是搜索图像全局范围中所有相似的特征来生成对应点，使网络专注于沿极线方向最相似的特征，可以处理较大视差变化的立体图像对，从而生成稀疏的视差注意力图。

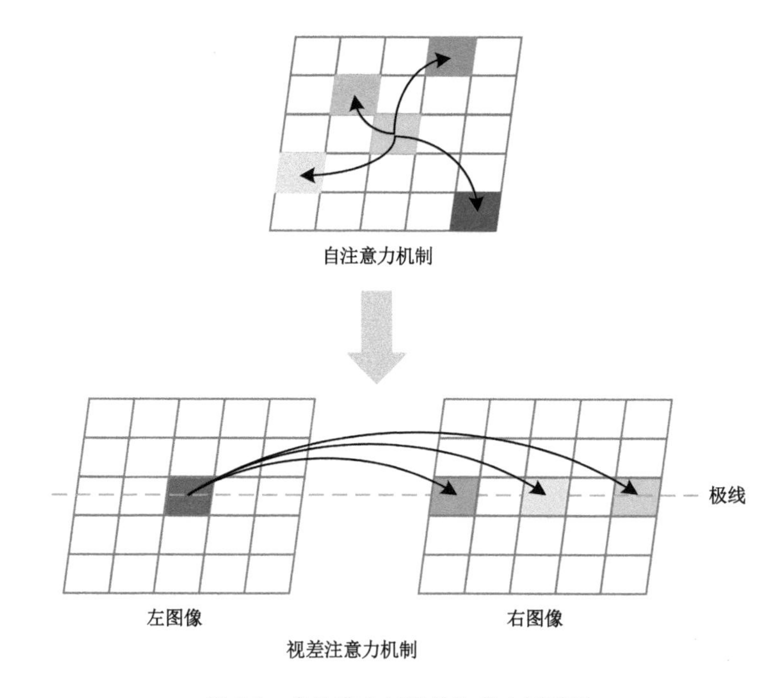

图 3-1 自注意力与视差注意力原理图

3.2.1 自注意力和视差注意力

3.2.1.1 通道注意力

常规卷积层的输出没有考虑对各通道的依赖，而通道注意力[23]的意义是显式地建模特征通道之间的相互依赖关系，使网络能够选择性增强有用的特征，并充分利用这些有用的特征，同时抑制无用的特征，以降低模型复杂度并提高网络学习能力。通道注意力模块如图 3-2 所示[23]。

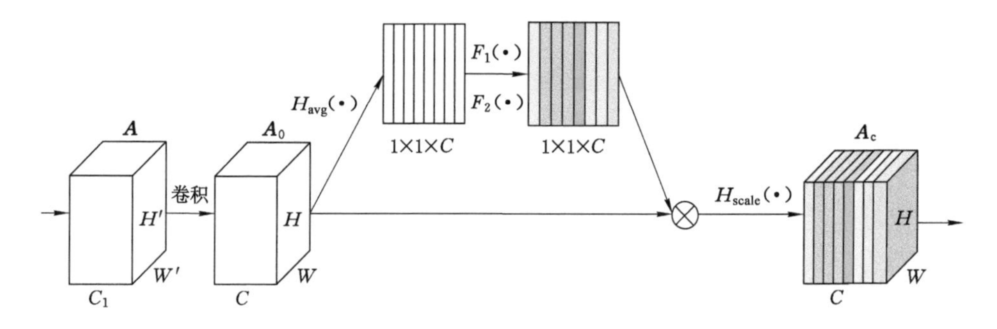

图 3-2 通道注意力模块示意图

设输入的图像特征为 $\mathbf{A}\in\mathbb{R}^{H\times W\times C_1}$，经常规卷积层得到 $\mathbf{A}_0\in\mathbb{R}^{H\times W\times C}$：

$$\mathbf{A}_0 = H_{3\times3}(\mathbf{A}) \tag{3-1}$$

式中 $\mathbf{A}_0$——C 个尺寸为 $H\times W$ 的特征图，且 $\mathbf{A}_0=[a_1,\cdots,a_c,\cdots,a_C]$。

具体来说，通道注意力模块包含压缩函数和激励函数两个函数。其中，压缩函数是在空间维度 $H\times W$ 上进行全局平均池化来压缩 $\boldsymbol{A}_0$，目的是得到一个数值来表征所在的二维特征图，该数值能够反映具有全局感受野的响应值分布。将计算得到的各通道全局空间特征作为对应通道的表征，进而得到通道统计量 $\boldsymbol{U}\in \mathbb{R}^{1\times1\times C}$，且 $\boldsymbol{U}=[u_1,\cdots,u_c,\cdots,u_C]$。其中，$U$ 的第 c 个元素为：

$$\boldsymbol{u}_c = H_{\mathrm{avg}}(\boldsymbol{a}_c) = \frac{1}{H\times W}\sum_{i=1}^{H}\sum_{j=1}^{W}\boldsymbol{a}_c(i,j) \quad c\in 1,2,\cdots,C \tag{3-2}$$

式中 $\boldsymbol{a}_c(i,j)$——向量 $\boldsymbol{a}_c$ 在位置(i,j)的像素值；

$H_{\mathrm{avg}}(\cdot)$——全局平均池化函数。

激励函数采用两个全连接层，其中第一个全连接层用于降低特征的通道维度，降维系数表示为 r，之后利用 Leaky ReLU 函数对降维后的特征增加非线性；第二个全连接层的作用与前者不同，目的是恢复特征的原始通道维度，升维系数也表示为 r，之后采用 Sigmoid 激活函数，生成通道范围在 0 到 1 之间的注意力权重。通过两个全连接层计算，得到通道统计量 $\boldsymbol{Z}\in \mathbb{R}^{1\times1\times C}$，与之前的通道统计量 $\boldsymbol{U}$ 具有相同的尺寸，具体表达式为：

$$\boldsymbol{Z} = F_2[F_1(\boldsymbol{U},W_1),W_2] = \sigma[W_2\times H_{\mathrm{LRelu}}(W_1\times \boldsymbol{U})] \tag{3-3}$$

式中 $H_{\mathrm{LRelu}}(\cdot)$——Leaky ReLU 非线性函数；

$F_1(\cdot),F_2(\cdot)$——用于降维和升维的全连接层；

$W_1(\cdot)\in \mathbb{R}^{C\times\frac{C}{r}}$——下降率为 r 的卷积层权重；

$W_2(\cdot)\in \mathbb{R}^{\frac{C}{r}\times C}$——上升率为 r 的卷积层权重；

$\sigma(\cdot)$——Sigmoid 激活函数。

将通道统计量 $\boldsymbol{Z}$ 与卷积后的特征 $\boldsymbol{A}_0$ 进行逐像素相乘，计算表达式为：

$$\boldsymbol{A}_{\mathrm{c}} = H_{\mathrm{scale}}(\boldsymbol{A}_0\times \boldsymbol{Z}) \tag{3-4}$$

式中 $H_{\mathrm{scale}}(\cdot)$——尺寸放大操作。

3.2.1.2 基于通道和空间的注意力

相比通道注意力[23]只关注通道维度的依赖程度，基于通道和空间的注意力模块[24]则是先后依次计算通道注意力和空间注意力。基于通道和空间的注意力模块如图 3-3 所示[24]。

将输入特征图 $\boldsymbol{A}\in \mathbb{R}^{H\times W\times C}$在空间维度上分别经过全局最大池化和全局平均池化进行压缩。这两种池化操作是并行排列的，两者的区别在于，全局平均池化是对特征图上的每一个像素点均进行梯度反馈，而全局最大池化只有在特征图中响应最大的像素点位置有梯度的反馈，两者均可以通过梯度反向传播参与网络训练。两种池化可以表示为：

$$\begin{cases}\boldsymbol{A}_{\mathrm{avg}}^{\mathrm{c}} = H_{\mathrm{avg}}(\boldsymbol{A})\\ \boldsymbol{A}_{\mathrm{max}}^{\mathrm{c}} = H_{\mathrm{max}}(\boldsymbol{A})\end{cases} \tag{3-5}$$

式中 $H_{\mathrm{max}}(\cdot)$——全局最大池化操作。

将得到的两个一维向量传输到基础的多层感知网络(Multi-Layer Perceptron，MLP)中，该网络仅仅包括一个输入层、隐藏层和输出层。将经 MLP 输出的特征进行逐元素求和操作，经过 Sigmoid 激活函数，生成通道注意力特征图 $\boldsymbol{M}_{\mathrm{c}}$，具体过程表示为：

$$\boldsymbol{M}_{\mathrm{c}} = \sigma\{W'[W(\boldsymbol{A}_{\mathrm{avg}}^{\mathrm{c}})] + W'[W(\boldsymbol{A}_{\mathrm{max}}^{\mathrm{c}})]\} \tag{3-6}$$

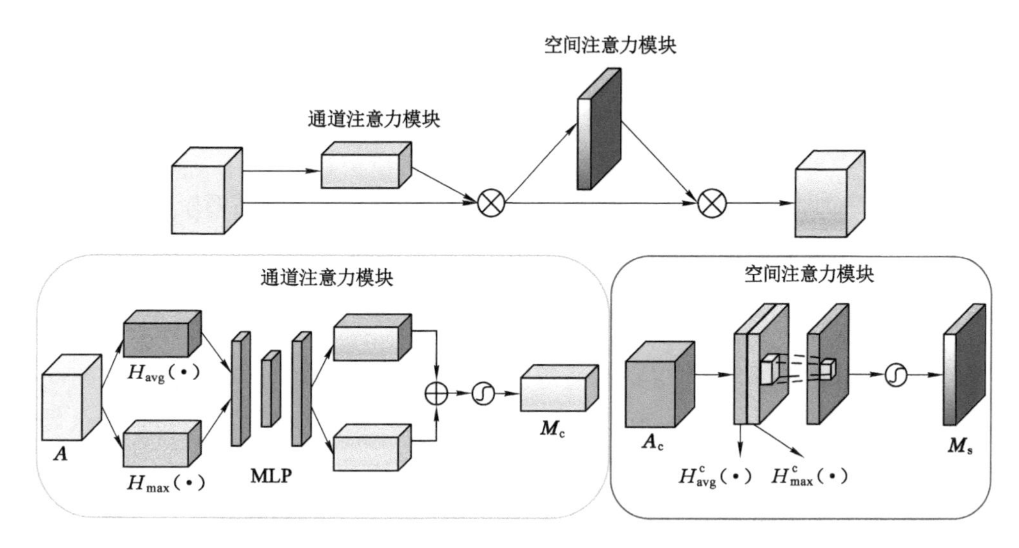

图 3-3　基于空间和通道的注意力模块示意图

将该通道注意力特征图和原始的输入特征图做逐元素乘法操作以进行自适应优化特征，得到通道编码特征 $\boldsymbol{A}_c$：

$$\boldsymbol{A}_c = \boldsymbol{M}_c \times \boldsymbol{A} \tag{3-7}$$

在完成通道维度上的编码之后，将通道注意力模块输出的编码特征图输入接下来的空间注意力模块中。在通道维度上执行全局最大池化和全局平均池化，用于压缩通道维度。其中，全局最大池化操作是在通道维度上提取最大值，提取的次数是高与宽的乘积；全局平均池化操作是在通道维度上提取平均值，提取的次数同样是高与宽的乘积。平均池化与最大池化的计算过程表示为：

$$\begin{cases} \boldsymbol{A}^s_{avg} = H^c_{avg}(\boldsymbol{A}_c) \\ \boldsymbol{A}_{max^s} = H^c_{max}(\boldsymbol{A}_c) \end{cases} \tag{3-8}$$

式中　$H^c_{avg}(\cdot)$——在通道维度上的全局平均池化操作；

$H^c_{max}(\cdot)$——在通道维度上的全局最大池化操作。

然后，将提取的通道数均为 1 的特征图 $\boldsymbol{A}^s_{avg}$ 和 $\boldsymbol{A}^s_{max}$ 在通道维度上级联，并经过一个卷积层，得到通道维度为 2 的特征图。经过 Sigmoid 激活函数生成空间注意力图 $\boldsymbol{M}_s$，并将该特征与对应模块的输入特征相乘，得到最终的特征 $\boldsymbol{A}_s$。计算过程表示为：

$$\boldsymbol{M}_s = \sigma[H_{7\times7}([\boldsymbol{A}^s_{avg}, \boldsymbol{A}^s_{max}])] \tag{3-9}$$

$$\boldsymbol{A}_s = \boldsymbol{M}_s \times \boldsymbol{A}_c \tag{3-10}$$

式中　$H^{7\times7}(\cdot)$——卷积核尺寸为 7×7 的卷积滤波器。

3.2.1.3　注意力的融合

与用于寻找图像中所有像素的空间和通道注意力模块[23]相比，基于视差的空间注意力模块擅长寻找沿极线方向最相似的特征，适用于立体图像对的信息交流。然而，与只考虑空间特征的视差注意力模块[75]相比，通道特征可以在维持空间关系的基础上增强或者减弱特征的表示，因此，注意力的融合是至关重要的，与通道注意力相结合，可以获得更多有用的信息来提高超分辨率的性能，具体步骤如下：

首先,通过 3.2.1.1 节中通道注意力计算方法获得经权重校正之后的左右图像特征 $\boldsymbol{I}_{\text{left}}^{\text{att}}$ 和 $\boldsymbol{I}_{\text{right}}^{\text{att}}$;然后,经过残差块和卷积层,得到视差注意力模块的左右两个输入特征:

$$\begin{cases}\boldsymbol{F}_{\text{L}}^{\text{att}} = H_{3\times3}[H_{\text{res}}(\boldsymbol{I}_{\text{left}}^{\text{att}})] \\ \boldsymbol{F}_{\text{R}}^{\text{att}} = H_{3\times3}[H_{\text{res}}(\boldsymbol{I}_{\text{right}}^{\text{att}})]\end{cases} \tag{3-11}$$

最后,根据 2.2.2 节中的视差注意力图的计算算法,获得相对左右两个图像的视差注意力图像,分别为 $\boldsymbol{M}_{\text{R}\to\text{L}}$ 和 $\boldsymbol{M}_{\text{L}\to\text{R}}$:

$$\begin{cases}\boldsymbol{M}_{\text{R}\to\text{L}} = \sigma(\boldsymbol{F}_{\text{R}}^{\text{att}} \cdot \boldsymbol{F}_{\text{L}}^{\text{att}}) \\ \boldsymbol{M}_{\text{L}\to\text{R}} = \boldsymbol{M}_{\text{R}\to\text{L}}^{\text{T}}\end{cases} \tag{3-12}$$

通过式(3-11)和式(3-12)可以结合通道注意力和基于视差的空间注意力,利用立体图像对特征通道之间的相互依赖性,有效地整合来自立体图像对的水平空间特征和全局通道特征。

3.2.2 注意力立体融合模块

2.2.3 节提出的可形变视差注意力模块是在特征提取的最后层级中通过级联有效掩码、可形变特征、沿极线方向上具有全局感受野的左右相似性特征三者来进行信息交互的,然后通过卷积层进一步整合信息,从而获得最终的超分辨率图像。单图超分辨率的研究更加深入和广泛,因此本章借鉴经典单图超分辨率网络的优异性能,并研究如何有效结合单图超分辨率网络之间的信息交流使其特征学习更加丰富紧凑。

文献[78]中提出了一种立体注意力模块,用于扩展单图超分辨率网络。共包含 3 个步骤:

① 将两个相同的单图超分辨率网络应用于立体图像中,分别提取左右视角的图像信息,具体模型与现有的单图超分辨率网络一致。

② 将使用单图超分辨率网络提取的不同层级的立体特征输入立体注意力模块中进行跨视图信息交互,捕获沿极线方向具有全局感受野的立体一致信息。

③ 利用单图超分辨率网络多次整合两个视图间的信息,实现立体图像对之间的信息交互。

本节借鉴 3.2.1.3 节注意力融合的思想,结合 2.2.2 节中的视差注意力机制,构建用于两个单图超分辨率网络分支的注意力立体融合模块,共包括 3 个部分,分别是视差注意力块、三重注意力块、立体融合块。3 个子模块共同作用于两个单图超分辨率网络之间以整合跨视图信息,同时也整合了视图内的信息。具体内容是:

① 视差注意力块:同 2.2.2 节中的视差注意力机制,是计算左特征图的每个像素值与沿极线水平方向的右特征图像素值之间的相似性度量。

② 三重注意力块:执行旋转操作,使用残差变换建立不同维度间的依赖关系,计算并关注对应视角图像中信息的注意力权重,从而编码通道和空间两个维度之间的信息。

③ 立体融合块:分别基于左特征和右特征,融合视差注意力块和三重注意力块的结果,计算相对左图和右图的有效掩码,进一步融合得到最终的超分辨率图像。

3.2.2.1 三重注意力块

为了整合视图内原始特征的有效信息,在视差注意力块中加入子网络分支中的特征来增强信息的完整性，从而提高网络分支的学习性能。现有的诸如 3.2.1 节中介绍的通道注意力方法和空间注意力方法没有实现跨维度交互，导致特征通道与空间之间缺乏直接的权重对应，从而降低了注意力方法的学习能力，因此，本节研究在空间关系不变的情况下如何建立能够有效整合视图内信息的模型。

在本节中，引入三重注意力块[163]，三重注意力块主要由 3 个并行的分支组成，其中 1 个分支类似于常规的通道注意力权重计算方法，另外 2 个分支分别用来捕获通道 C 维度和空间维度 H 或 W 之间的跨维度交互。三重注意力块如图 3-4 所示。

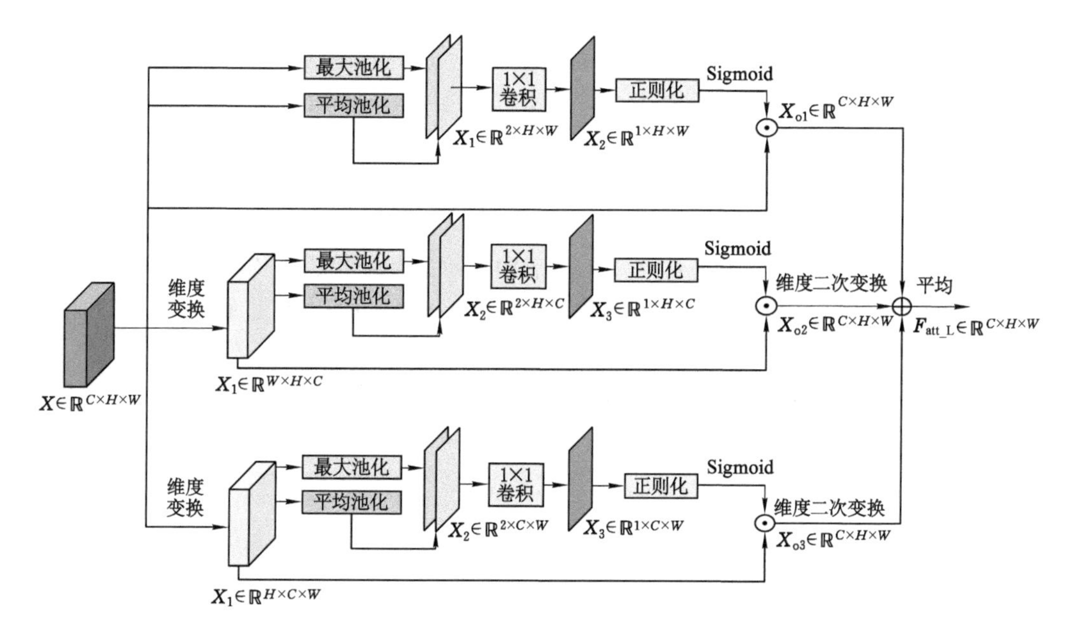

图 3-4　三重注意力块示意图

给定一个输入特征 $\boldsymbol{X} \in \mathbb{R}^{C\times H\times W}$，将其并行传输到三重注意力块的 3 个分支中。3 个分支包括通道 C 维度的注意力计算分支、通道 C 和空间 H 维度信息交互分支以及通道 C 和空间 W 维度信息交互分支。

(1) 通道 C 维度的注意力计算分支

首先，在通道 C 维度上经过最大池化和平均池化 2 种池化方式进行处理，并通过级联得到张量 $\boldsymbol{X}_1 \in \mathbb{R}^{2\times H\times W}$：

$$\boldsymbol{X}_1 = [H_{\max}(\boldsymbol{X}), H_{\text{avg}}(\boldsymbol{X})] \tag{3-13}$$

然后，通过卷积核尺寸为 1×1 的标准卷积层，并紧接批量归一化层，将正则化后的张量通过 Sigmoid 激活函数生成通道注意力权重 $\boldsymbol{X}_2 \in \mathbb{R}^{1\times H\times W}$：

$$\boldsymbol{X}_2 = \sigma\{H_{\text{BN}}[H_{3\times 3}(\boldsymbol{X}_1)]\} \tag{3-14}$$

最后，将式(3-14)计算的 $\boldsymbol{X}_2$ 与输入特征 $\boldsymbol{X}$ 进行矩阵乘法运算，得到第 1 个分支的输出张量 $\boldsymbol{X}_{o1} \in \mathbb{R}^{C\times H\times W}$：

$$\boldsymbol{X}_{o1} = \boldsymbol{X}_2 \times \boldsymbol{X} \tag{3-15}$$

(2) 通道 C 和空间 H 维度信息交互分支

首先，沿 H 轴逆时针旋转 90°操作以变换维度，表示为 $\boldsymbol{X}_1 \in \mathbb{R}^{W\times H\times C}$，并在 W 维度上进

行与第 1 个分支同样的两种池化处理，级联得到 $\boldsymbol{X}_2 \in \mathbb{R}^{2\times H\times C}$：

$$\boldsymbol{X}_1 = \psi(\boldsymbol{X}) \tag{3-16}$$

$$\boldsymbol{X}_2 = [H_{\max}(\boldsymbol{X}_1), H_{\text{avg}}(\boldsymbol{X}_1)] \tag{3-17}$$

式中　$\psi(\cdot)$——逆时针旋转 90°的操作。

然后，$\boldsymbol{X}_2$ 通过卷积核大小为 1×1 的标准卷积层、批量归一化层、Sigmoid 激活层生成通道 C 和空间 H 维度之间的注意力权重 $\boldsymbol{X}_3 \in \mathbb{R}^{1\times H\times C}$：

$$\boldsymbol{X}_3 = \sigma\{H_{\text{BN}}[H_{3\times3}(\boldsymbol{X}_2)]\} \tag{3-18}$$

最后，将生成的注意力权重 $\boldsymbol{X}_3$ 与原始输入特征 $\boldsymbol{X}$ 进行矩阵乘法运算，并沿着 H 轴顺时针旋转 90°，使其输出的特征张量 $\boldsymbol{X}_{o2}$ 保持与 $\boldsymbol{X}$ 的尺寸一致，$\boldsymbol{X}_{o2} \in \mathbb{R}^{C\times H\times W}$：

$$\boldsymbol{X}_{o2} = \psi'(\boldsymbol{X}_3 \times \boldsymbol{X}) \tag{3-19}$$

式中　$\psi'(\cdot)$——顺时针旋转 90°的操作。

(3) 通道 C 和空间 W 维度信息交互分支

该分支的操作流程与第 2 个分支基本一致，区别在于第 3 个分支是沿 W 轴逆时针旋转 90°变换特征维度的，表示为 $\boldsymbol{X}_1 \in \mathbb{R}^{H\times C\times W}$，之后的池化以及卷积操作均是在 H 维度上进行的，分别得到中间特征张量为 $\boldsymbol{X}_2 \in \mathbb{R}^{2\times C\times W}$ 和 $\boldsymbol{X}_3 \in \mathbb{R}^{1\times C\times W}$，以及最后是沿着 W 轴顺时针旋转 90°，得到输出特征张量 $\boldsymbol{X}_{o3} \in \mathbb{R}^{C\times H\times W}$。

综合上述 3 个分支，对 3 个分支的输出特征进行平均运算，聚合生成尺寸为 $C\times H\times W$ 的张量。得到最终输出的张量：

$$\boldsymbol{F}_{\text{att\_L}} = \frac{1}{3}(\boldsymbol{X}_{o1} + \boldsymbol{X}_{o2} + \boldsymbol{X}_{o3}) \tag{3-20}$$

同理，通过式(3-20)可以得到对应右图像的注意力图像 $\boldsymbol{F}_{\text{att\_R}}$。

3.2.2.2　立体融合块

为了有效地聚合自注意力图像和视差注意力图像的信息，从而重构出高质量的立体超分辨率图像对，本节结合视差注意力机制可以沿水平极线方向提供相似性信息的特点，以及三重注意力具有跨维度信息交互获取鲁棒信息的优势，通过立体融合块进行衔接，该融合过程分为两个阶段。以从右到左的转换为例，共包含两个阶段。

① 在第一阶段，对左右图像分别进行残差块转换，并将转换后的特征与经过三重注意力机制转换得到的对应视角的注意力图像进行初步融合。

设输入立体特征为 $\boldsymbol{F}_{\text{left}}^{\text{in}}, \boldsymbol{F}_{\text{right}}^{\text{in}} \in \mathbb{R}^{\text{H}\times\text{W}\times\text{C}}$，传送到残差块中来减少训练冲突，并分别传送到 1×1 卷积层生成 $\boldsymbol{F}_0, \boldsymbol{F}_1 \in \mathbb{R}^{\text{H}\times\text{W}\times\text{C}}$：

$$\begin{cases} \boldsymbol{F}_0 = H_{1\times1}[H_{\text{res}}(\boldsymbol{F}_{\text{left}}^{\text{in}}) \times \boldsymbol{F}_{\text{att\_L}}] \\ \boldsymbol{F}_1 = H_{1\times1}[H_{\text{res}}(\boldsymbol{F}_{\text{right}}^{\text{in}}) \times \boldsymbol{F}_{\text{att\_R}}] \end{cases} \tag{3-21}$$

② 在第二阶段，采用 2.2.2 节的视差注意力计算方法得到两边视角的视差注意力图 $\boldsymbol{M}_{\text{R}\to\text{L}}$ 和 $\boldsymbol{M}_{\text{L}\to\text{R}}$，之后，通过比对左图和右图之间视差的一致性得到左右图的有效掩码，并与第一阶段得到的融合特征再次融合，进而实现感知遮挡的左右特征融合。

具体过程为：首先，按照 2.2.3 节中针对视差注意力图计算掩码的方法得到有效掩码 $\boldsymbol{V}_{\text{L}\to\text{R}}$；然后，将有效掩码 $\boldsymbol{V}_{\text{L}\to\text{R}}$ 与第一阶段得到的对应视角融合特征进行级联操作并传输到 1×1 卷积层；最后，通过结合交互的跨视图与视图内信息，生成最终的左视角特征 $\boldsymbol{F}_{\text{left}}^{\text{out}} \in \mathbb{R}^{\text{H}\times\text{W}\times\text{C}}$。输出的右视角特征 $\boldsymbol{F}_{\text{right}}^{\text{out}}$ 采用类似的方式生成。可以表示为：

$$\begin{cases} \boldsymbol{F}_{\text{left}}^{\text{out}} = H_{1\times1}([\boldsymbol{F}_0, \boldsymbol{V}_{\text{L}\to\text{R}}]) \\ \boldsymbol{F}_{\text{right}}^{\text{out}} = H_{1\times1}([\boldsymbol{F}_1, \boldsymbol{V}_{\text{R}\to\text{L}}]) \end{cases} \tag{3-22}$$

3.3 跨视图交互融合

两个单图超分辨率分支的信息交互模块增强了单图超分辨率的推理，然而在 3.2.2 节中，文献[78]提到的立体超分辨率网络只针对单图超分辨率分支进行联系，缺乏立体注意力模块之间的联系，从而使得立体注意力模块只能对分支中的信息进行整合学习，不能有效利用立体图像对之间的像素偏移提供的多视角信息提示。为此，本节提出增强型跨视图交互策略，以进一步提高网络模块之间的融合与交互能力。

3.3.1 增强型跨视图交互策略

根据注意力立体融合模块的安插方式，提出的增强型跨视图交互策略包含竖向稀疏连接、横向稠密连接和特征融合 3 个部分。其中，竖向稀疏连接用于连接上下两个单图超分辨率分支，横向稠密连接用于连接左右方向的注意力立体融合模块，特征融合用于合并多个层级的特征。

3.3.1.1 竖向稀疏连接

已知预先训练的单图超分辨率网络模型参数，且对于左右两个低分辨率图像来说，两个单图超分辨率网络之间的参数可以共享。针对这一特性，本节提出一种竖向稀疏连接方法，利用两条并行的单图超分辨率分支进行左右视角的信息交流，如图 3-5 所示。考虑如果将上下单图超分辨率网络分支中的每一个层级特征都输入注意力立体融合模块中，会导致计算复杂度增加且计算冗余，因此，设置的竖向连接次数应远小于网络层级数，采用稀疏连接方式，每隔一定的距离将其上下分支中左右两个视角的特征输入注意力立体融合模块中，用于计算左右一致性。

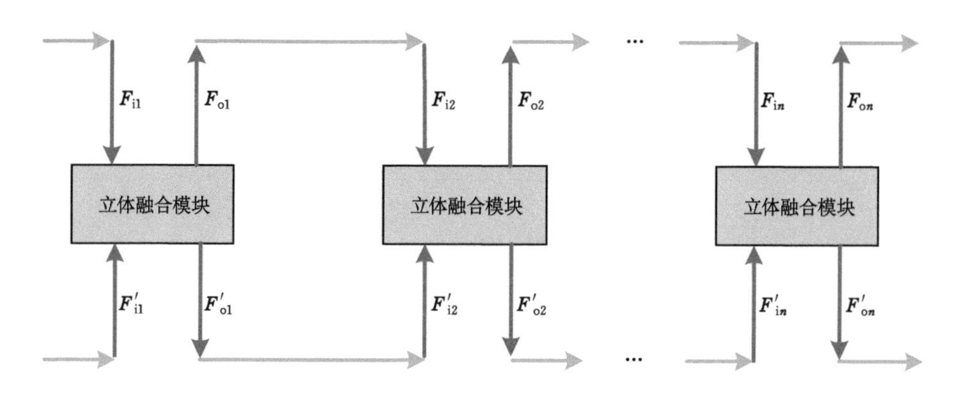

图 3-5 竖向稀疏连接示意图

如图 3-5 所示，蓝色箭头表示单图超分辨率分支，红色箭头表示竖向连接。在单图超分辨率网络上分支中，前一层级输入立体融合模块中的特征为 $\boldsymbol{F}_{i1}$，从立体融合模块输出到上分支中的特征为 $\boldsymbol{F}_{o1}$；后一层级输入立体融合模块中的特征为 $\boldsymbol{F}_{i2}$，从立体融合模块输出到上

分支中的特征为 $\boldsymbol{F}_{o2}$。依次类推，上分支中第 n 层级输入立体融合模块中的特征为 $\boldsymbol{F}_{in}$，从立体融合模块输出到上分支中的特征为 $\boldsymbol{F}_{on}$。同理，在单图超分辨率网络下分支中，下分支中第 n 层级输入立体融合模块中的特征为 $\boldsymbol{F}_{in}'$，从立体融合模块输出到下分支中的特征为 $\boldsymbol{F}_{on}'$。

3.3.1.2 横向稠密连接

3.2.2 节中提到的视差注意力是一种沿极线方向获取全局感受野的方法，三重注意力以交互的方式从多个维度增强特征表示。因此，为了将注意力立体融合模块在多个不同深度的层级之间进行多次交互，类似于单图超分辨率网络与注意力立体融合模块之间的竖向稀疏连接，与之相对应提出了横向稠密连接，作用于注意力立体融合模块之间，进一步加强立体一致性之间的约束。

超分辨率任务是基于像素级的计算，需要着重考虑像素结构方面的左右像素对应。视差注意力图中的有效掩码区域是指导网络学习有用知识的前提，因为能从立体图像对中提取到左右视角均可寻找到的信息。因此，有效掩码和对应像素级左右视角对于恢复图像细节能提供积极作用。此外，在现存的单图超分辨率网络中，网络层数不一定都是相同的，从而导致立体注意力模块的个数也不相同，相对应的横向连接次数也会随着立体注意力模块的多少而变化。

本节基于 VDSR[59]、SRResNet[164] 等基础的单图超分辨率网络结构，提出自适应的横向稠密连接，类似于特征提取方式中的稠密连接网络 DenseNet，能保证即使在注意力立体融合模块个数少的情况下也能进行多次有效的连接融合。例如，有 5 个注意力立体融合模块，其对应的横向稠密连接如图 3-6 所示。不同颜色的连接线表示不同模块之间的稠密连接。加入关于注意力立体融合模块的横向连接之后，可以计算前一个模块的视差注意力图并输入下一个模块中，在有效掩码区域内，为模块学习下一个视差注意力图提供了不同感受野的引导。

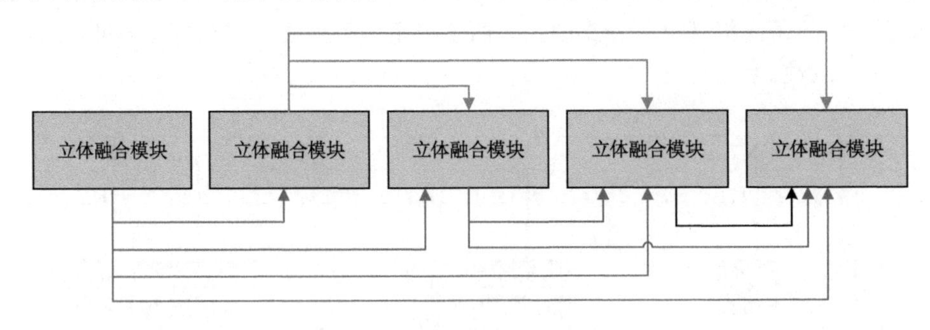

图 3-6 横向稠密连接示意图

3.3.1.3 特征融合

特征融合是将多幅图像或者多个层级的特征进行合并，然后得到一个比合并前的特征更具有判别性和鲁棒性的特征的操作。高低层特征融合和多尺度特征融合操作是卷积神经网络中广泛采用的技术手段，用于提高网络的学习和推理性能。低层特征是通过浅层的几个卷积来提取的，空间分辨率高，图像细节信息和结构信息丰富，但也存在诸多冗余的信息。高层特征是经深层卷积进行提取的，空间分辨率低，但是感受野更大，包含了更抽象的语义信息。

竖向稀疏连接和横向稠密连接均需要进行特征融合操作。本节使用的常规特征融合操作主要包括稠密层和过渡层，分别为：

① 稠密层将每一个立体融合模块计算的视差注意力图和其余的立体融合模块计算的视差注意力图在通道维度上进行级联，与此同时，特征通道数的相应增加，使得网络模型参数更多。

② 过渡层通过控制特征通道数，控制网络模型参数的数量。采用卷积核尺寸为1×1的卷积层来减少通道数，并使用步长为2的平均池化层减半高和宽。

3.3.2　立体超分辨率网络模型

立体超分辨率网络建模的具体步骤如下：

① 将低分辨率的左右图像分别输入现有的基础单图超分辨率网络分支中进行训练，得到预先训练好的网络模型。

② 每间隔固定的层级数，将2个分支相同层级的输出特征输入注意力立体融合模块中，其中，视差注意力用来计算两幅图像沿极线方向的像素相似性，三重注意力机制用于整合对应视图的跨维度信息。

③ 将步骤②计算的视差注意力图通过2.2.3节中提到的有效掩码计算方式生成有效掩码，以级联的方式融合视差注意力图、有效掩码图和对应的三重注意力图。

④ 将注意力立体融合模块使用稠密连接的方式进行结合。如果仅包含一个注意力立体融合模块，则不处理；如果包含2个，则彼此相连；如果包含3个，则两两相结合，以此类推。在此过程中，采用3.3.1.3节提出的特征融合方式进行融合。

以现有的经典单图超分辨率网络模型作为上下分支，以VDSR[59]为例，网络的整体模型如图3-7所示。立体超分辨率的整个网络模型主要包括单图超分辨率分支、注意力立体融合模块和增强型跨视图交互策略3个部分。

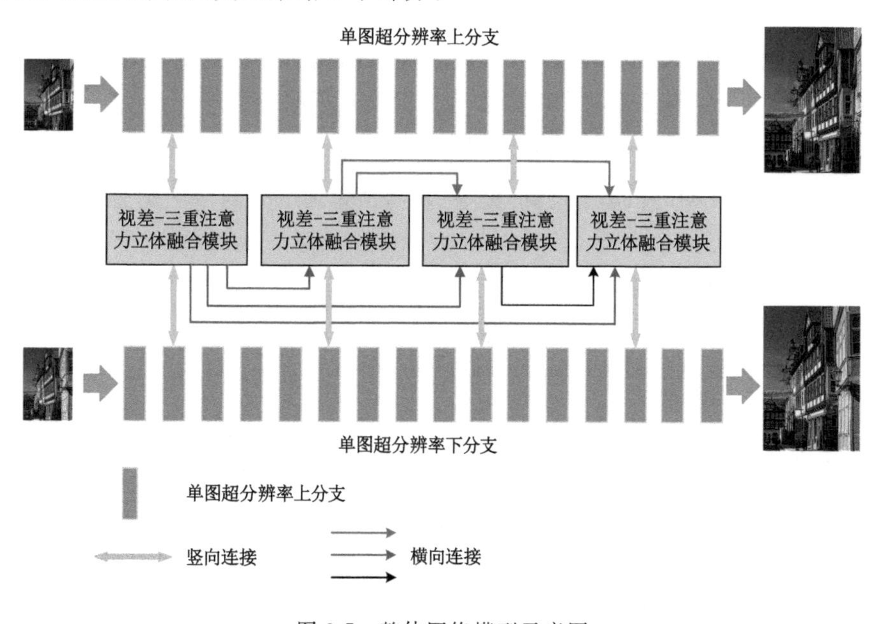

图3-7　整体网络模型示意图

3.4 实验结果分析与讨论

在本节中，首先介绍实验设置，然后对模型进行消融实验和准确性分析，验证本章所提出的网络的重建能力。

3.4.1 实验设置

为了测试网络的有效性，将本章提出的注意力立体融合模块分别应用到5个单图超分辨率网络中，例如SRCNN、VDSR、LapSRN、SRDenseNet和SRResNet。与第2章训练采用的数据集相同，使用Flickr 1024数据集作为网络的训练集。对于训练数据的生成，同样与第2章的预处理方式相同。首先对所有图像进行采样因子为2和4的下采样操作以生成×2和×4的低分辨率图像，然后将这些低分辨率图像每间隔20个像素裁剪成大小为30×90的小图像块，并且也相对应地裁剪高分辨率图像为相同尺寸的小图像块。此外，也通过随机的水平和垂直翻转来增强训练数据，以保证训练数据的多样性。

所有的网络运行都是通过PyTorch编程并用Nvidia RTX 2080Ti GPU来实现的。由于本章方法是在文献[78]的基础上进行改进的，为了证明该方法的优越性，在其余网络参数设置方面应与该文献一致。加载预先训练的单图超分辨率模型之后，用Adam优化方法来微调本章提出的网络，设置学习速率为1×10^{-4}。当验证集上的PSNR值收敛时，停止训练过程。对于性能评估，本章使用来自KITTI数据集中的20张图像和来自Middlebury数据集中的5张图像作为测试数据集。采样因子越大，重建图像的困难也会越大，因此本章的对比实验只采用采样因子为4的图像。与第2章实验评估指标相同，本章使用PSNR和SSIM度量评估立体超分辨率网络的性能。

3.4.2 模型的消融实验分析

本节通过消融实验研究不同的网络参数和网络结构对立体超分辨率性能所带来的影响，主要包括注意力立体融合模块和增强型跨视图交互策略两个部分。

3.4.2.1 关于注意力立体融合模块的消融实验

在KITTI 2015和Middlebury数据集上，采用预先训练好的单图超分辨率网络VDSR作为上下两个分支进行消融实验。其中，PA表示视差注意力模块，PA+TA表示注意力立体融合模块，PA+CA表示视差与通道结合的注意力模块，_l表示安插于单图超分辨率分支中的次数，其中l分别设置为1、2、3。为了公平比较，消融实验过程均只采用增强型跨视图交互策略中的竖向稀疏连接方式。实验结果如表3-1所示。

表3-1 关于注意力立体融合模块的消融实验结果

注意力模块设置	KITTI 2015		Middlebury	
	PSNR/dB	SSIM	PSNR/dB	SSIM
PA_1	24.98	0.849	27.94	0.886
PA_2	25.02	0.849	27.95	0.886

表 3-1(续)

注意力模块设置	KITTI 2015		Middlebury	
	PSNR/dB	SSIM	PSNR/dB	SSIM
PA_3	25.10	0.850	28.00	0.886
(PA+CA)_1	25.12	0.851	28.04	0.886
(PA+CA)_2	25.16	0.851	28.10	0.886
(PA+CA)_3	25.19	0.854	28.15	0.887
(PA+TA)_1	25.14	0.851	28.11	0.886
(PA+TA)_2	25.23	0.856	28.21	0.886
(PA+TA)_3	25.29	0.861	28.28	0.890

从表 3-1 中可以看出,在 KITTI 2015 和 Middlebury 数据集上,采用(PA+TA)_l 计算的结果均高于 PA_l,其中(PA+CA)_3 计算的 PSNR 分别为 25.19 dB 和 28.15 dB,SSIM 分别为 0.854 和 0.887。而在 VDSR 中嵌入注意力立体融合模块(PA+TA)_3 之后,相比(PA+CA)_3 获得了显著的性能改善,PSNR 增益分别为 0.10 dB 和 0.13 dB,SSIM 增益分别为 0.07 和 0.003。从而可以证明,本章提出的注意力立体融合模块通过加强通道与图像高和宽 2 个维度之间的多分支交流,有利于立体图像之间的多方面学习,增强了立体图像对的一致性。此外,注意力立体融合模块安插于单图超分辨率分支中的次数也决定了性能的增益大小。从表 3-1 中可以看出,随着次数的增多,性能一致提升,但是提升的幅度会逐级减小。因此,为了能够在一个合理的计算开销内显著提高性能增益,选择安插次数为 3。总而言之,本章提出的注意力立体融合模块相比视差注意力模块,能够更加紧凑地实现左右图像的双向信息传递,为两个视角图像的多次信息交互提供了基础。

3.4.2.2 关于增强型跨视图交互策略的消融实验

3.4.2.1 节对注意力立体融合模块进行了消融实验,包含该模块的模型均获得了具有竞争力的超分辨率结果,证明了该模块可以应用于多种单图超分辨率网络中以恢复低分辨率立体图像的更多细节。本节在此基础上,针对注意力立体融合模块与上下单图超分辨率分支之间的结合方式,以及注意力立体融合模块之间的交互方式等进行消融实验,主要包括竖向连接、横向连接和特征融合 3 个部分。关于增强型跨视图交互策略的消融实验结果如表 3-2 所示。

表 3-2 关于增强型跨视图交互策略的消融实验结果

连接与融合设置						Middlebury		KITTI 2015	
竖向稀疏连接	竖向稠密连接	横向稀疏连接	横向稠密连接	特征融合	本章融合算法	PSNR/dB	SSIM	PSNR/dB	SSIM
✓		✓		✓		28.21	0.880	25.23	0.851
✓		✓			✓	28.23	0.883	25.26	0.854
✓			✓		✓	28.28	0.890	25.29	0.861
	✓		✓		✓	28.29	0.889	25.29	0.860
	✓	✓			✓	28.24	0.883	25.24	0.855

虽然从 3.4.2.1 节的实验可以得出在一定范围之内，随着注意力立体融合模块数目的增加，性能以越来越小的增幅提高，但是从表 3-2 中可以看出，注意力立体融合模块通过竖向稀疏连接方式安插于单图超分辨率分支之间，相比稠密连接性能上没有明显提升，反而增加了诸多连接。这是因为在网络的学习过程中，紧邻层级之间信息存在重叠冗余的情况，因此可以证明本章提出的竖向稀疏连接方式对于增强视图间信息交互是有利的。

此外，从表 3-2 中还可以看出，将注意力立体融合模块采用增强型跨视图交互策略安插于左右单图超分辨率网络分支之间，结合了视差注意力和三重注意力两者的优点，提高了立体图像对之间的视差信息一致性以及图像信息之间的跨维度交互。同时，增强型跨视图交互策略包含横向稠密连接、竖向稀疏连接和特征融合，充分利用了单图超分辨率网络分支的性能，并进一步加强了图像对立体一致性之间的约束。注意力立体融合模块之间的横向稠密连接与稀疏连接相比，在两个数据集上性能均得到明显提升。可以得出，注意力立体融合模块之间的横向稠密连接增加了视图间信息的多层级连接，从而提高了立体超分辨率任务重建细节的性能。随着模块数量的进一步增加，性能最终会趋于饱和。这是因为在单图超分辨率网络中，相邻层级的特征区别不明显，且视图信息已被充分利用，进一步增加模块个数只能带来微小的改进。特征融合方式对于存在诸多连接的网络同样起着很重要的作用，提升的精度高于竖向稀疏连接和横向稠密连接两种方式，从而证明了本章提出的特征融合方式是有效的，可以进一步提高网络性能。

3.4.3 模型的准确性分析

3.4.3.1 模型的定量分析

为了更准确地评估本章所提出的算法的性能，采用具有挑战性的下采样因子为 4 的低分辨率立体图像作为输入，参照文献[78]中提到的关于立体注意力模块的评估方法。在 Middlebury、KITTI 2012 和 KITTI 2015 数据集上，将本章提出的注意力立体融合模块和增强型跨视图交互策略应用到单图超分辨率网络 SRCNN、VDSR、SRDenseNet、LapSRN 和 SRResNet 中进行测试。并将这些组合的网络与文献[78]中的立体超分辨率算法和 PASSRnet、SPAM、iPASSR 进行比较。比较结果如表 3-3 所示，计算的结果值中第 1 行表示 PSNR 值，第 2 行表示 SSIM 值。

表 3-3 立体超分辨率模型的定量比较

模型	Middlebury	KITTI 2012	KITTI 2015	平均值
	×4	×4	×4	
PASSRnet	28.62	26.26	25.42	26.77
	0.893	0.826	0.860	0.860
SPAM	29.36	26.31	24.81	26.83
	0.912	0.869	0.860	0.880
iPASSR	29.11	26.35	25.25	26.90
	0.835	0.803	0.807	0.815

表 3-3(续)

模型	Middlebury	KITTI 2012	KITTI 2015	平均值
	×4	×4	×4	
SRCNN+SAM	27.70 0.875	25.64 0.857	24.77 0.843	26.04 0.858
SRCNN+本章算法	27.75 0.881	25.70 0.860	24.79 0.848	26.08 0.863
VDSR+SAM	28.25 0.887	26.15 0.868	25.22 0.855	26.54 0.870
VDSR+本章算法	28.28 0.890	26.21 0.872	25.29 0.861	26.59 0.874
SRDenseNet+SAM	28.14 0.885	26.10 0.866	25.17 0.853	26.47 0.868
SRDenseNet+本章算法	28.19 0.892	26.17 0.872	25.22 0.859	26.53 0.874
LapSRN+SAM	28.25 0.888	26.15 0.868	25.20 0.855	26.53 0.870
LapSRN+本章算法	28.30 0.894	26.19 0.872	25.26 0.861	26.58 0.876
SRResNet+SAM	28.81 0.897	26.35 0.873	25.53 0.863	26.90 0.878
SRResNet+本章算法	28.92 0.905	26.42 0.881	25.61 0.872	26.99 0.886

在 Middlebury、KITTI 2012 和 KITTI 2015 三个数据集上均能够相应地提升其超分辨率性能。在 KITTI 2015 数据集上，本章基于 SRResNet 的算法计算的 PSNR 和 SSIM 值分别为 25.61 dB 和 0.872，相比表中所有算法具有最高的精度。例如，相比基于 SRResNet[129] 的最高计算精度仍然有 0.08 dB 的 PSNR 增益和 0.009 的 SSIM 增益。相比立体超分辨率网络 PASSRnet、SPAM、iPASSR，本章算法与 SRResNet 相结合构建的网络在 KITTI 2012 和 KITTI 2015 两个数据集上均可以取得最好的超分辨率效果。结果证明了本章提出的注意力立体融合模块经过竖向稀疏连接之后有效结合了左右视图内的信息，增强型跨视图交互策略中提出的横向稠密连接方式在此基础上也进一步结合了视图内、视图间以及注意力立体融合模块之间的多方面信息。

3.4.3.2 模型的定性分析

在 Flickr 1024 数据集上，对本章算法与单目图像超分辨率网络如 SRCNN、SRDenseNet、VDSR、LapSRN 及 SRResNet 共同构建的网络和 PASSRnet[75] 进行定性结果分析。采样因子为 4 的可视化比较如图 3-8 所示，对数据集中一张图的两处位置进行放大显示，并将不同算法的结果图均以同样放大倍数显示。

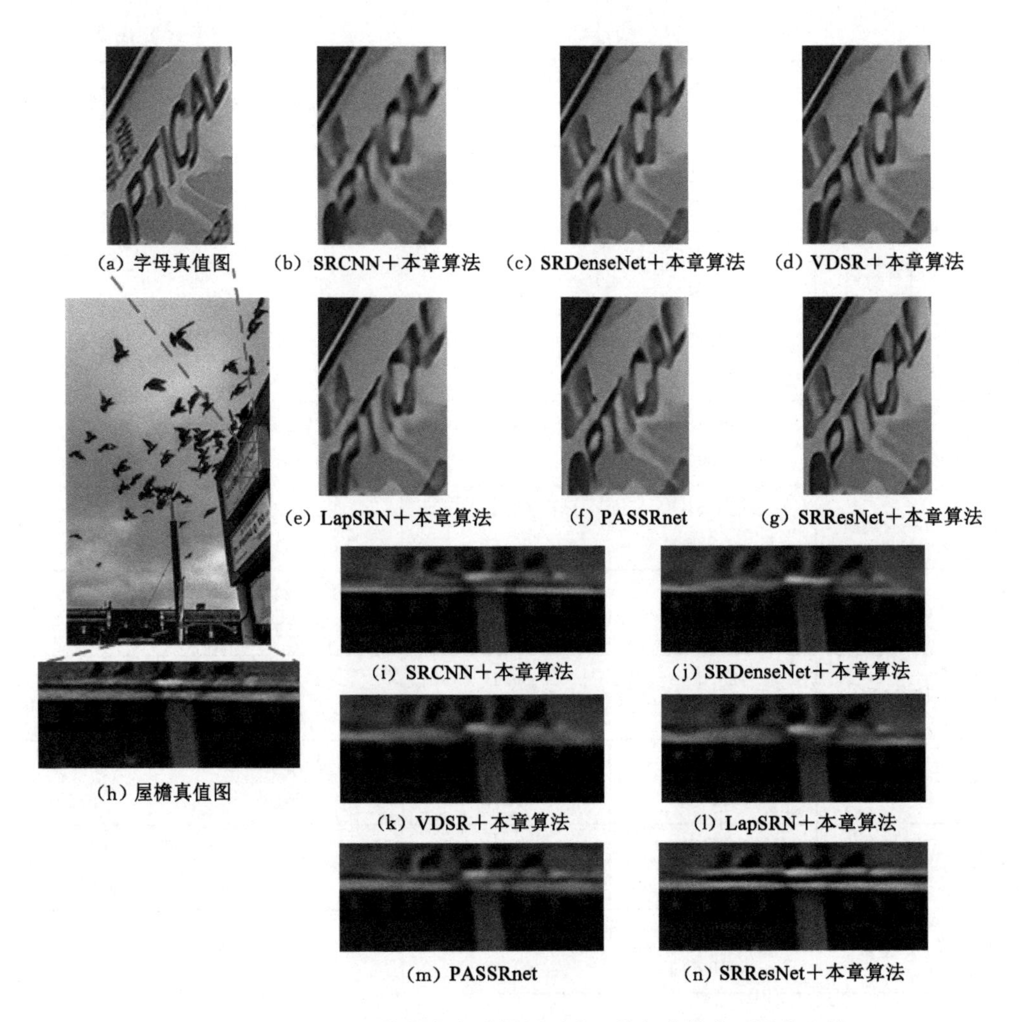

(a) 字母真值图　(b) SRCNN+本章算法　(c) SRDenseNet+本章算法　(d) VDSR+本章算法

(e) LapSRN+本章算法　(f) PASSRnet　(g) SRResNet+本章算法

(h) 屋檐真值图　(i) SRCNN+本章算法　(j) SRDenseNet+本章算法

(k) VDSR+本章算法　(l) LapSRN+本章算法

(m) PASSRnet　(n) SRResNet+本章算法

图 3-8　Flickr 1024 数据集中采样因子为 4 的超分辨率可视化比较

从图 3-8 中可以看出，通过对比原始高分辨率图像，可以更直观地分析细节恢复的效果。例如，结合 SRResNet 和本章算法计算的超分辨率结果图中，字母 V、I 和 A 周围的轮廓更加完整，细节更加丰富和清晰；在屋檐位置，相比其他算法恢复的结果，本章算法恢复的条纹和孔洞的细节部分也更加完整和清楚。可以证明本章提出的注意力立体融合算法可以获得更好的细节恢复效果，且增强型跨视图交互策略有助于进一步提高立体超分辨率网络的重建性能。

除了对远景图像进行测试之外，对 KITTI 2012 数据集中的近景图像也进行了测试，采样因子为 4 的结果可视化比较如图 3-9 所示。从图 3-9 中可以看出，在窗户位置，本章提出的算法在重建结果上具有更明显的边缘；在栅栏位置，本章计算的结果图相比其他算法也更加清楚和整齐，大大减少了模糊和幻影的情况。对于放大的这两处位置，本章算法计算出的 PSNR 和 SSIM 值均高于其他算法。从而表明，本章提出的注意力立体融合模块可以增强特征的辨识能力和网络的学习推理能力。另外，增强型跨视图交互策略也极大地提高了不同分支不同模块之间的信息交流，信息传递能力更强。

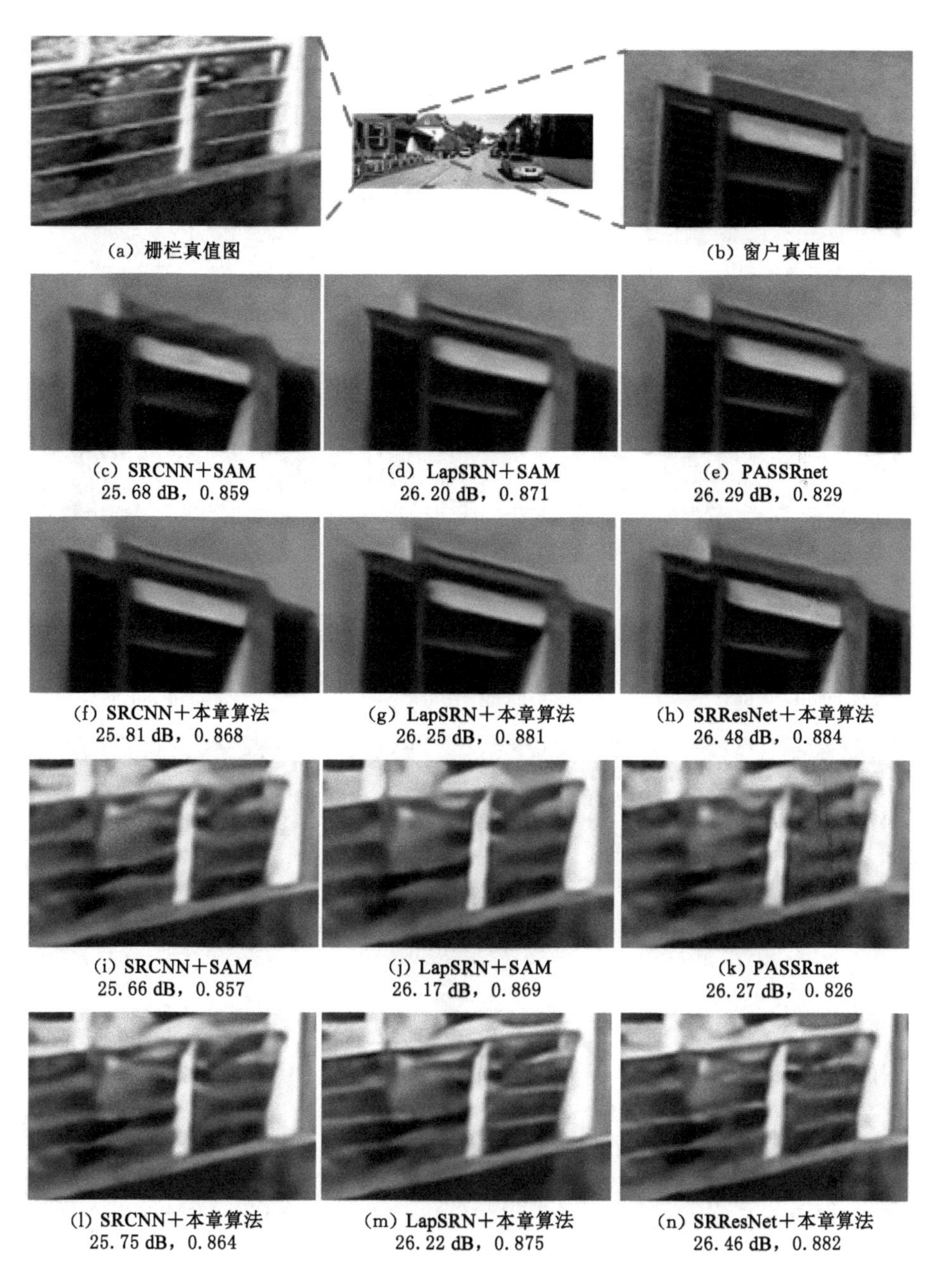

图 3-9　KITTI 2012 数据集中采样因子为 4 的超分辨率可视化比较

此外，与在 KITTI 2012 数据集上采用的对比算法一致，在 KITTI 2015 数据集上[159]同样进行了采样因子为 4 的定性结果对比分析。图 3-10 展示了进气栅和指示牌两个位置的对比结果，包含原始高分辨率图像、本章算法与其他算法的重建结果。结果图均以同样的放大倍数显示，以便更清楚地观察分析。

从图 3-10 中可以看出，通过采用 SRCNN、LapSRN、SRResNet 这 3 种单图超分辨率网络和本章方法相结合恢复的指示牌箭头和圆盘的细节和轮廓均更加清晰和完整，汽车进气

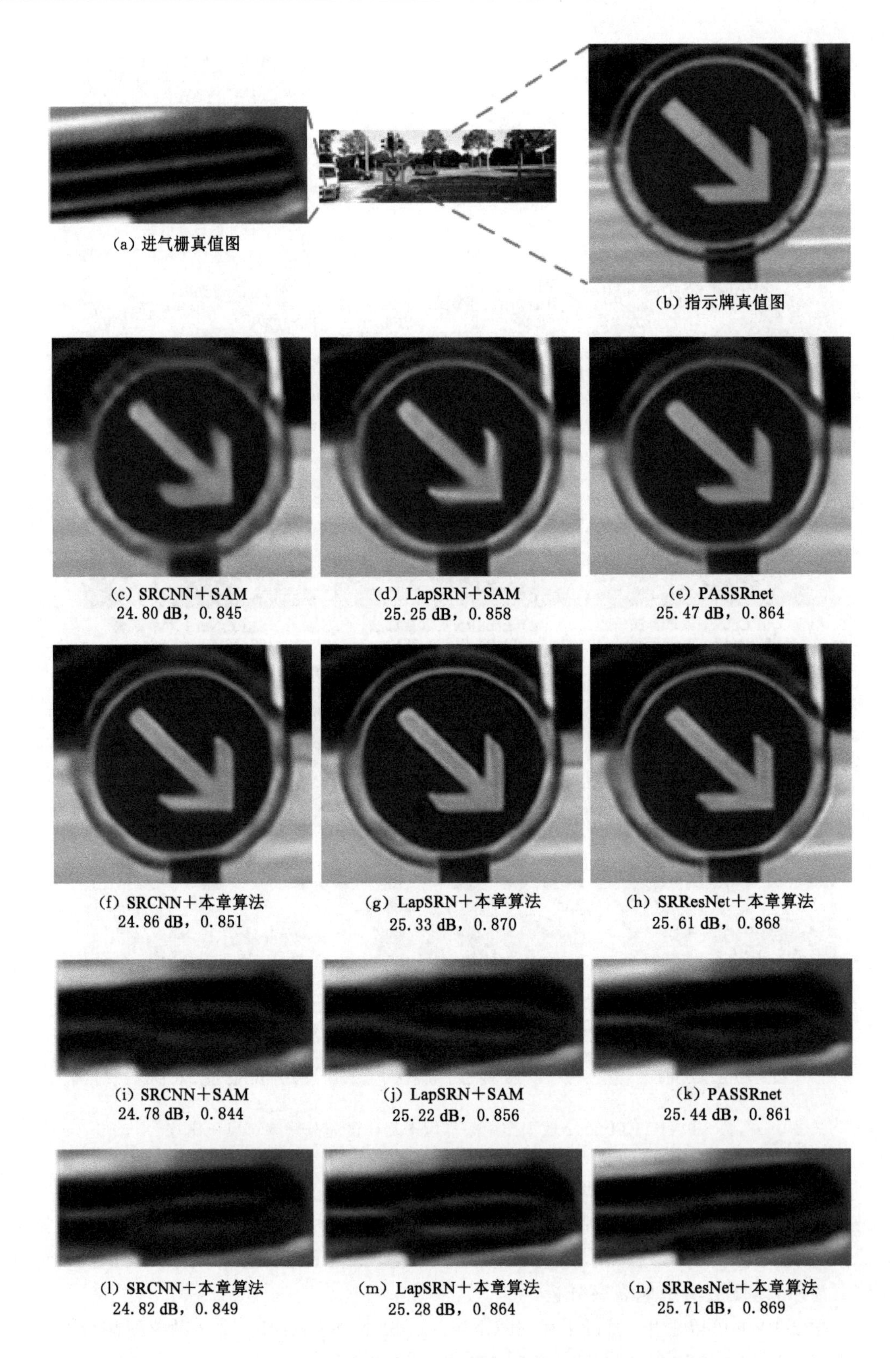

(a) 进气栅真值图

(b) 指示牌真值图

(c) SRCNN＋SAM
24.80 dB，0.845

(d) LapSRN＋SAM
25.25 dB，0.858

(e) PASSRnet
25.47 dB，0.864

(f) SRCNN＋本章算法
24.86 dB，0.851

(g) LapSRN＋本章算法
25.33 dB，0.870

(h) SRResNet＋本章算法
25.61 dB，0.868

(i) SRCNN＋SAM
24.78 dB，0.844

(j) LapSRN＋SAM
25.22 dB，0.856

(k) PASSRnet
25.44 dB，0.861

(l) SRCNN＋本章算法
24.82 dB，0.849

(m) LapSRN＋本章算法
25.28 dB，0.864

(n) SRResNet＋本章算法
25.71 dB，0.869

图 3-10 KITTI 2015 数据集中采样因子为 4 的超分辨率可视化比较

栅位置的 2 个条纹也更平滑，不存在交叉现象。对于 SRResNet＋本章算法，在指示牌位置，计算的 PSNR 和 SSIM 值最高，分别为 25.61 dB 和 0.868；在汽车发动机舱进风口位置，计算的 PSNR 和 SSIM 值最高，分别为 25.71 dB 和 0.869。直观观察和数值分析表明，跨视图注意力信息交互在单图超分辨率网络的基础上可以进一步提升立体图像重建性能，对立体超分辨率具有重要的影响。

3.5　本章小结

本章提出了跨视图注意力交互融合立体超分辨率算法，包含注意力立体融合模块和增强型跨视图交互策略。将注意力立体融合模块采用增强型跨视图交互策略安插于左右单图超分辨率网络分支之间，结合了视差注意力和三重注意力两者的优点，提高了立体图像对之间的视差信息一致性以及图像信息之间的跨维度交互。同时，增强型跨视图交互策略包含横向稠密连接、竖向稀疏连接和特征融合方式，充分利用了单图超分辨率网络分支的性能，并进一步加强了图像对立体一致性之间的约束。在定量度量方面，以 KITTI 2015 数据集为例，当采样因子为 4 时，本章算法和 SRResNet 相结合的模型相比 PASSRnet 计算所得的 PSNR 和 SSIM 值分别提高了 0.19 dB 和 0.012。在定性度量方面，生成的超分辨率图像均优于现有的立体超分辨率方法和单图超分辨率网络方法计算的结果图。实验结果表明，本章方法有效捕获了立体图像之间的对应关系，提高了立体图像恢复细节的能力。

4 结合全局与多层级信息的立体匹配子网络模型算法研究

4.1 引 言

前两章给出的基于深度卷积神经网络的立体超分辨率研究算法，是在二维空间上的图像理解。本章对前两章的网络模型进行三维拓展，侧重研究立体图像对在三维空间上的视觉定位，即立体匹配网络模型的研究。针对当前的立体匹配网络结构在寻找不适定区域中的对应点方面仍然存在不足的问题，提出一种新颖的端到端立体匹配网络，进而估计立体图像中的对应视差值。首先，借鉴 2.2.1 节中同向金字塔残差模块的思路，提出经过改进的多层级特征金字塔池化模块，包括特征下采样、特征上采样和多层级特征融合 3 个部分，为接下来的代价聚合网络提供具有判别性和鲁棒性的多层级图像特征。然后，在利用 3D 编解码结构进行代价聚合的过程中，提出轻量化 2D 卷积子网络，并将其用于提取目标图像中的底层结构信息，使其在较大的感受野中校正误匹配代价值，以进一步提高视差预测精度。将改进的多层级特征金字塔池化模块与轻量化 2D 卷积子网络共同作用于立体匹配任务中，以在整个网络传输过程中可以有效利用多层级信息和全局信息。最后，在基准数据集上对本章提出的立体匹配网络进行消融实验和对比分析，实验结果表明，在 Scene Flow 数据集上的定性对比分析中本章算法计算所得的 EPE 值相比 GC-Net 减小了 0.12 px，在 Scene Flow、MPI Sintel 和 Middlebury 数据集实验中获得的预测视差图取得了良好的效果，均证明了本章所提出的模块的优越性和有效性。与其他不进行后处理的端到端网络相比，本章提出的网络在匹配精度方面具有明显的竞争力。

4.2 基于空间金字塔模型的特征提取

4.2.1 立体匹配网络整体框架

立体匹配网络的整体框架如图 4-1 所示。该网络主要包括多层级特征金字塔池化模块和基于轻量化二维卷积子网络的代价聚合网络。首先，利用改进后的多层级特征金字塔池化模块提取立体图像对的输入特征，通过像素偏移操作级联参考图像的特征图与目标图像的特征图以形成 4D 匹配代价体。然后，使用 3D 编解码结构计算代价体以获得初始匹配代价值，并通过轻量化 2D 卷积子网络从目标图像中获得低级结构信息，将低级结构信息与初始匹配代价值融合，以校正其中的误匹配代价值。最后，通过损失函数计算回归视差，得到预测视差图。

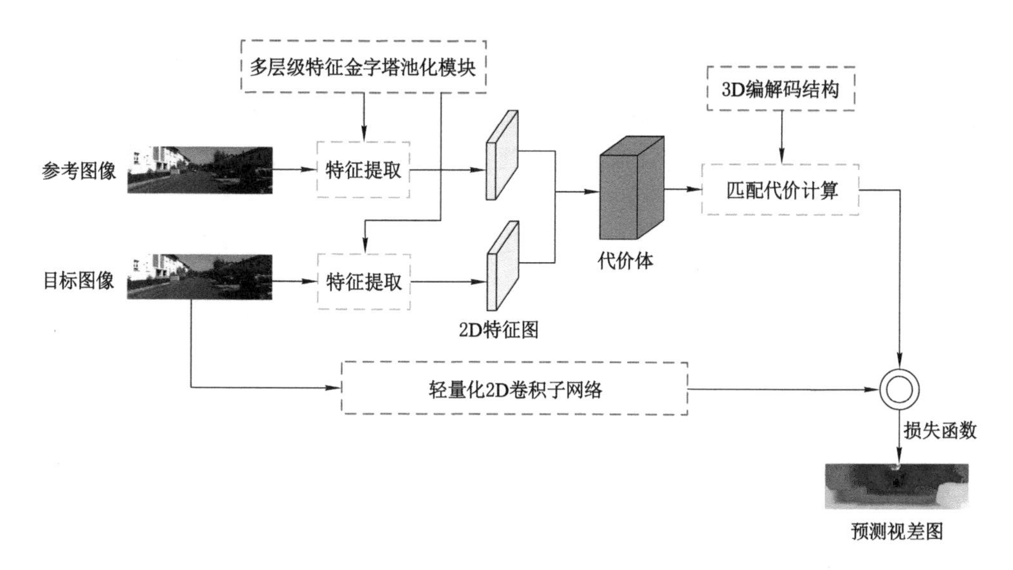

图 4-1 立体匹配网络整体框架示意图

4.2.2 空间金字塔池化模块

空间金字塔池化模块是将第 2 章提出的扩张卷积替换为池化操作,用于获取多尺度上下文信息,同时也降低了图像特征的分辨率,具体结构如图 4-2 所示。

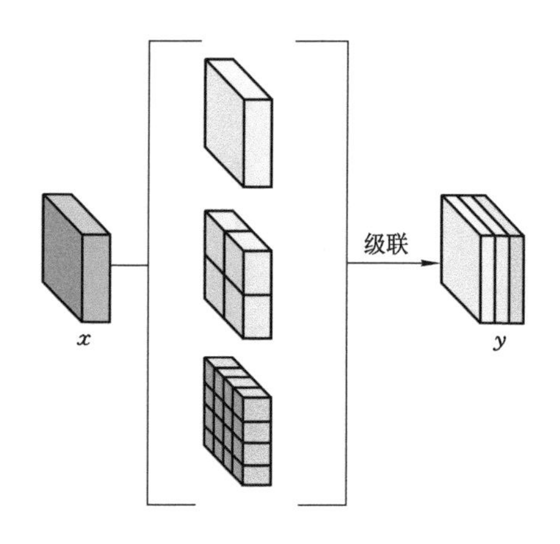

图 4-2 空间金字塔池化模块结构示意图

定义输入特征图像为 $\boldsymbol{x}$,并列执行 3 个最大池化层,每一个池化层中采用的窗口和步长大小均不相同,第 1 个池化是向上取整,第 2 个和第 3 个是向下取整。然后,使用全连接层将 3 个不同池化操作的输出进行整合,得到多尺度上下文输出表示 $\boldsymbol{y}$:

$$\boldsymbol{y} = H_{\mathrm{fc}}[H_{3\times3}(\boldsymbol{x}), H_{2\times2}(\boldsymbol{x}), H_{1\times1}(\boldsymbol{x})] \tag{4-1}$$

式中 $H_{3\times3}(\cdot)$——尺寸为 3×3 的池化操作;

$H_{2\times2}(\cdot)$——尺寸为 2×2 的池化操作;

$H_{1\times1}(\cdot)$——尺寸为 1×1 的池化操作;

$H_{\mathrm{fc}}(\cdot)$——全连接层函数。

4.2.3 多层级特征金字塔池化模块

在立体匹配网络中,空间金字塔池化模块常常用于对高层语义特征的进一步处理,即利用特征提取网络中的最后一层特征来计算匹配代价,忽略了其他低层级不同分辨率的语义信息,从而导致网络缺乏多层级特征的学习和融合。

因此,本节基于空间金字塔池化模块,构建一种改进的多层级特征金字塔池化模块,包括特征下采样、特征上采样和多层级特征融合 3 个部分。多层级特征金字塔池化模块的具体结构如图 4-3 所示。

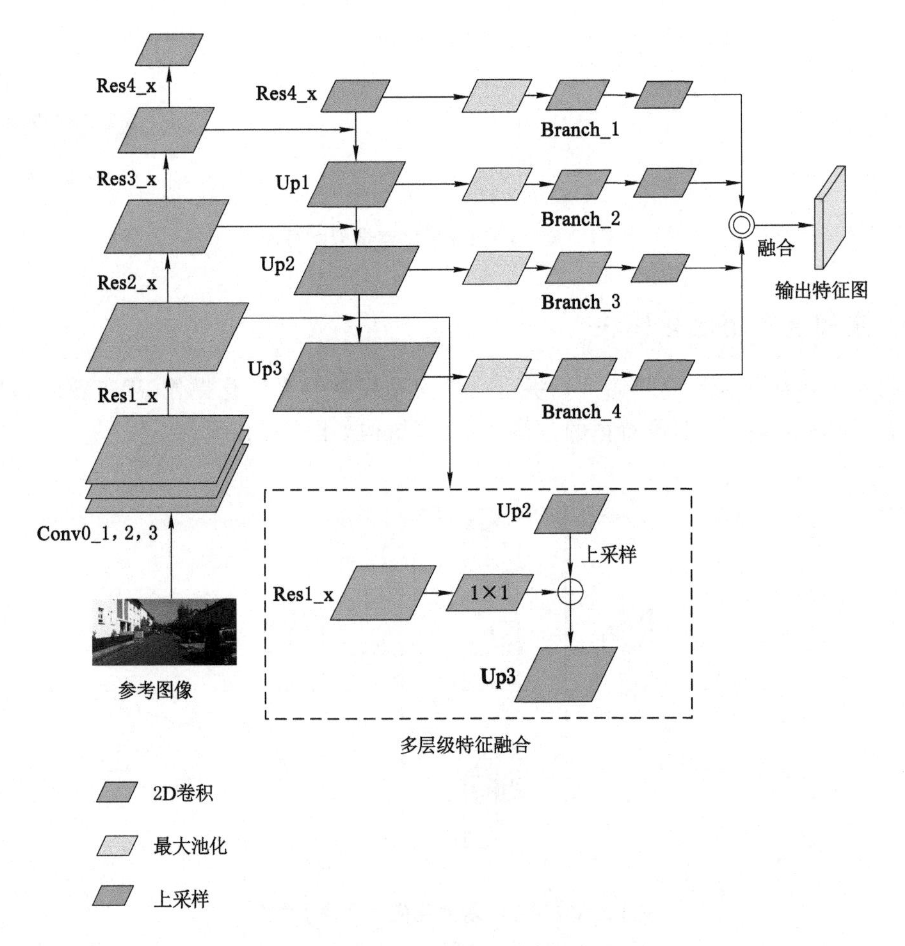

图 4-3 多层级特征金字塔池化模块具体结构示意图

多层级特征金字塔池化模块中 3 个部分的具体过程如下。

输入立体图像对的空间分辨率很大且结构信息冗余,采用尽可能多的残差块来提取图像中丰富的语义信息对于网络的特征学习是有帮助的,因此在参考图像和目标图像上采用孪生卷积神经网络[115]以共享参数的方式提取输入图像对的图像特征。采用 3 个卷积核尺寸为 3×3 的卷积滤波器得到输入图像的浅层基础图像特征。设输入图像 $\boldsymbol{F}$,则浅层基础特征 $\boldsymbol{F}_{\text{basic}}$ 可以表示为:

$$\boldsymbol{F}_{\text{basic}} = H_{3\times3}\{H_{3\times3}[H_{3\times3}(\boldsymbol{F})]\} \tag{4-2}$$

在获得浅层特征之后，根据残差网络[17]构建自下而上的网络。残差网络以下采样的方式提取特征，随着下采样次数的增加，提取的语义信息更抽象，信息缺失更严重。因此，采用4个残差块提取特征，每一个残差块中包含4个卷积运算，然后进行批量归一化和线性整流函数的计算。不同之处在于第一个残差块使用步长为1的卷积，其余残差块使用步长为2的卷积。通过4个残差块的计算获得了4层具有不同空间分辨率的特征图，分别为输入图像的$\frac{1}{2}$、$\frac{1}{4}$、$\frac{1}{8}$、$\frac{1}{16}$，即构造了一个4层特征金字塔$\boldsymbol{F}_{\text{Res1_x}}$，$\boldsymbol{F}_{\text{Res2_x}}$，$\boldsymbol{F}_{\text{Res3_x}}$，$\boldsymbol{F}_{\text{Res4_x}}$，计算过程分别表示为：

$$\boldsymbol{F}_{\text{Res1\_x}} = H_{\text{BN}}\{H_{\text{Relu}}[H_{\text{res}}(\boldsymbol{F}_{\text{basic}})]\} \tag{4-3}$$

$$\boldsymbol{F}_{\text{Res2\_x}} = H_{\text{BN}}\{H_{\text{Relu}}[H_{\text{res}}(\boldsymbol{F}_{\text{Res1\_x}})]\} \tag{4-4}$$

$$\boldsymbol{F}_{\text{Res3\_x}} = H_{\text{BN}}\{H_{\text{Relu}}[H_{\text{res}}(\boldsymbol{F}_{\text{Res2\_x}})]\} \tag{4-5}$$

$$\boldsymbol{F}_{\text{Res4\_x}} = H_{\text{BN}}\{H_{\text{Relu}}[H_{\text{res}}(\boldsymbol{F}_{\text{Res3\_x}})]\} \tag{4-6}$$

式中　$H_{\text{BN}}(\cdot)$——批量归一化层；

$H_{\text{Relu}}(\cdot)$——线性整流函数。

对经下采样计算得到的分辨率最小的特征图$F_{\text{Res4_x}}$进行多次的上采样操作。多次下采样和上采样操作会导致深度网络的定位信息出现错误，因此提出用于不同特征层的多层级融合方法，可以提供更准确的特征信息。多层级特征融合如图4-3所示。以自上而下的方式融合低分辨率、高语义信息的高层特征与高分辨率、低语义信息的低层特征，并对网络中4个不同层级、不同分辨率的特征执行3次相同的池化操作。

以Up2层特征图$\boldsymbol{F}_{\text{Up2}}$和Res1_x层特征图$\boldsymbol{F}_{\text{Res1_x}}$的融合为例，将Res1_x层上的特征图通过卷积核尺寸为1×1的卷积滤波器进行降维，对Up2层的特征图$\boldsymbol{F}_{\text{Up2}}$进行双线性插值上采样操作，使其保持与Res1_x层的特征图具有相同的分辨率，并采用求和操作融合具有相同尺度的对应特征图，将结果输入下一层级，得到更大分辨率的特征图$\boldsymbol{F}_{\text{Up3}}$：

$$\boldsymbol{F}_{\text{Up3}} = H_{1\times1}(F_{\text{Res1\_x}}) + H_{\text{up}}(\boldsymbol{F}_{\text{Up2}}) \tag{4-7}$$

式中　$H_{\text{up}}(\cdot)$——上采样操作。

并列执行4个分支Branch_1、Branch_2、Branch_3和Branch_4，首先使用最大池化操作和大小为3×3的滤波器对4个不同层级的特征图$\boldsymbol{F}_{\text{Res4_x}}$、$\boldsymbol{F}_{\text{Up1}}$、$\boldsymbol{F}_{\text{Up2}}$和$\boldsymbol{F}_{\text{Up3}}$进行计算，然后采用大小为1×1的卷积滤波器减小特征尺寸，以使特征图的大小均达到输入图像大小的一半。以特征图$\boldsymbol{F}_{\text{Res4_x}}$为例，计算过程可以表示为：

$$\boldsymbol{F}_{\text{Branch\_1}} = H_{1\times1}\{H_{3\times3}[H_{\max}(\boldsymbol{F}_{\text{Res4\_x}})]\} \tag{4-8}$$

最后通过级联方式融合包括Branch_1、Branch_2、Branch_3和Branch_4在内的4个不同层级的特征图，获得具有丰富语义信息的最终特征表示：

$$\boldsymbol{F}_{\text{fusion}} = H_{1\times1}(H_{3\times3}[\boldsymbol{F}_{\text{Branch\_1}}, \boldsymbol{F}_{\text{Branch\_2}}, \boldsymbol{F}_{\text{Branch\_3}}, \boldsymbol{F}_{\text{Branch\_4}}]) \tag{4-9}$$

特征提取网络的参数设置如表4-1所示，其中，H和W分别表示输入图像的高度和宽度。

表 4-1　特征提取网络的参数设置

层级名称	卷积核	步长	输出
输入	—	—	$H\times W\times 3$
Conv0_1	3×3	2	$\frac{1}{2}H\times\frac{1}{2}W\times 32$
Conv0_2	3×3	1	$\frac{1}{2}H\times\frac{1}{2}W\times 32$
Conv0_3	3×3	1	$\frac{1}{2}H\times\frac{1}{2}W\times 32$
Res1_x	[3×3]×4	1	$\frac{1}{2}H\times\frac{1}{2}W\times 128$
Res2_x	[3×3]×4	2	$\frac{1}{4}H\times\frac{1}{4}W\times 128$
Res3_x	[3×3]×4	2	$\frac{1}{8}H\times\frac{1}{8}W\times 128$
Res4_x	[3×3]×4	2	$\frac{1}{16}H\times\frac{1}{16}W\times 128$
Up1	上采样	—	$\frac{1}{8}H\times\frac{1}{8}W\times 128$;+Res3_x
Up2	上采样	—	$\frac{1}{4}H\times\frac{1}{4}W\times 128$;+Res2_x
Up3	上采样	—	$\frac{1}{2}H\times\frac{1}{2}W\times 128$;+Res1_x
Branch_1	3×3,最大池化	1	$\frac{1}{2}H\times\frac{1}{2}W\times 128$
	3×3	1	
	上采样	—	
Branch_2	3×3,最大池化	1	$\frac{1}{2}H\times\frac{1}{2}W\times 128$
	3×3	1	
	上采样	—	
Branch_3	3×3,最大池化	1	$\frac{1}{2}H\times\frac{1}{2}W\times 128$
	3×3	1	
	上采样	—	
Branch_4	3×3,最大池化	1	$\frac{1}{2}H\times\frac{1}{2}W\times 128$
	3×3	1	
	上采样	—	
级联[Branch_1,Branch_2,Branch_3,Branch_4]			$\frac{1}{2}H\times\frac{1}{2}W\times 512$
融合	3×3	—	$\frac{1}{2}H\times\frac{1}{2}W\times 32$
	1×1	—	

4.3　基于全局信息的代价聚合

4.3.1　代价体构建

通过4.2.3节提出的特征提取网络获得最终的左右特征图，其分辨率大小均为$\frac{H}{2}\times\frac{W}{2}\times32$。根据孪生网络[115]和GC-Net[129]，将左特征图$\boldsymbol{F}^{\mathrm{L}}$作为基本特征，右特征图$\boldsymbol{F}^{\mathrm{R}}$的每个像素向视差值相对左特征图减小的方向平移。图像的视差值大小与图像的空间分辨率有关，因此当达到最大视差值$\frac{D}{2}$(D是立体图像对的最大视差值)时，停止右特征图的移动。

之后，相对左特征图，在右特征图的空余部分填充零值，并将左特征图$\boldsymbol{F}^{\mathrm{L}}$与移位并填充后的右特征图$\boldsymbol{F}^{\mathrm{R}}_{\mathrm{shift}}$进行级联操作，得到4D匹配代价体$\boldsymbol{C}_0\in\mathbb{R}^{\frac{D}{2}\times\frac{H}{2}\times\frac{W}{2}\times64}$，计算过程可以表示为：

$$\boldsymbol{C}_0(d,x,y,\cdot)=[\boldsymbol{F}^{\mathrm{L}}(x,y),\boldsymbol{F}^{\mathrm{R}}_{\mathrm{shift}}(x-d,y)]\quad(d=d_{\max},d_{\max}-1,\cdots,1,0)\tag{4-10}$$

式中　d——可能的视差值。

代价体结构如图4-4所示。

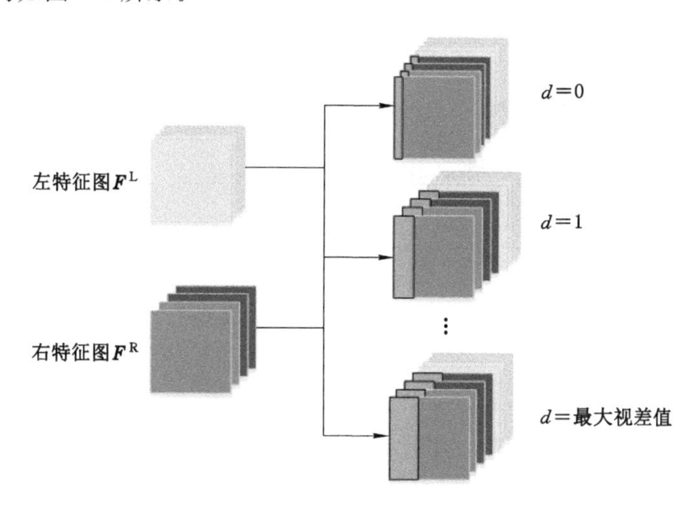

图4-4　代价体结构示意图

4.3.2　基于全局信息的轻量化网络

4.3.2.1　3D编解码结构

在获得4D匹配代价体之后，选择3D编解码结构[129]对代价体进行聚合计算，可以在保留完整信息的基础上从视差、高和宽3个维度聚合代价体。3D编解码结构由多个3D卷积和3D反卷积组成，分别用于编码部分和解码部分。

编码部分由4个下采样单元组成，包括12个卷积核为3×3×3的卷积层，其中每个单元包括3个3D卷积层，且第1个卷积层是步长为2×2×2的卷积滤波器，其余均为步长为

$1\times1\times1$ 的卷积滤波器。

解码部分使用 4 个卷积核为 $3\times3\times3$ 且步长为 $2\times2\times2$ 的 3D 反卷积进行上采样操作，其中对于每个 3D 反卷积的最后一层输出，均从编码部分对应下采样单元中添加具有相同分辨率的特征图。该解码部分通过上采样使 3D 卷积输出的分辨率大小均达到 $H\times W\times D$。

4.3.2.2 轻量化 2D 卷积子网络

轻量化代价聚合网络如图 4-5 所示，包括 3D 编解码结构和轻量化 2D 卷积子网络。在获得匹配代价体之后，结合 3D 编解码结构和轻量化 2D 卷积子网络，利用目标图像的底层结构特征在全局视图下校正错误的匹配代价值，整个代价聚合过程可以通过端到端训练的方式预测视差图。

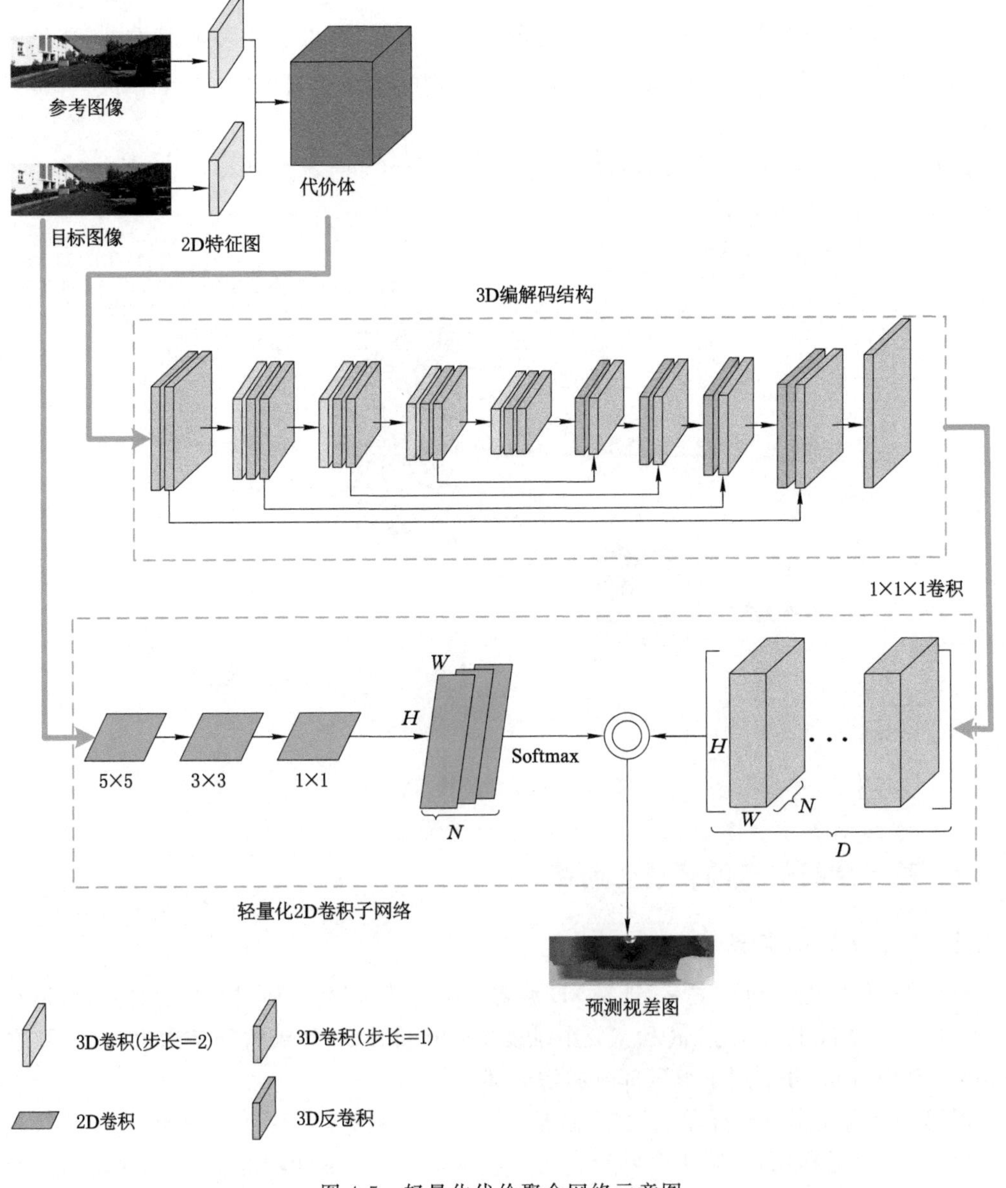

图 4-5 轻量化代价聚合网络示意图

在匹配代价计算过程中，通过 3D 编解码结构可以获得抽象的且具有很强语义信息的高层特征，而且在深度卷积神经网络的前几个低层卷积特征中均包含丰富的底层结构信息。针对 3D 编解码结构和深度卷积神经网络的特性，本节提出了一种轻量化 2D 卷积子网络，采用尽可能少的卷积层来提取底层结构信息，以便可以在较大的感受野中校正错误的匹配代价值。具体过程为：

① 采用尺寸为 5×5 的卷积滤波器提取具有大感受野的目标图像特征，之后，采用尺寸为 3×3 的卷积滤波器进一步提取底层信息。

② 采用尺寸为 1×1 的卷积滤波器以降低特征图的通道维度，得到新的特征图 $\boldsymbol{G}$，其通道数为 N(设置 N 为 3，是指要纠正的误匹配代价值的数量)。

③ 采用 Softmax 激活函数将底层结构特征图 $\boldsymbol{G}$ 沿 N 维度转换为可能性概率值。

通过 3D 编解码结构计算得到匹配代价体 $\boldsymbol{C}_0$，之后利用尺寸为 1×1×1 的 3D 卷积滤波器转换得到大小为 $D\times H\times W\times N$ 的匹配代价体 $\boldsymbol{C}_1$，采用矩阵乘法运算融合 $\boldsymbol{C}_1$ 和 $\boldsymbol{G}$。最终匹配代价体 $\boldsymbol{C}$ 通过沿 N 维的最大值函数获得。计算过程可以表示为：

$$\boldsymbol{C}(d,h,w)=\max\{\boldsymbol{C}_1(d,h,w,n)\times\boldsymbol{G}(h,w,n)\}\quad n\leqslant N \tag{4-11}$$

式中 max{ · }——取最大值函数；

n——误匹配值纠正次数。

4.3.3 代价聚合网络模型

代价聚合网络模型包括代价体、3D 编解码结构和轻量化 2D 卷积子网络。轻量化 2D 卷积子网络和 3D 编解码结构的参数设置分别如表 4-2 和表 4-3 所示。

表 4-2 轻量化 2D 卷积子网络的参数设置

层级名称	卷积核	步长	特征通道数	输出
输入	—	—	—	$H\times W\times 3$
Right_conv1	5×5	1	32	$H\times W\times 32$
Right_conv2	3×3	1	32	$H\times W\times 32$
Right_conv3	1×1	1	1	$H\times W\times 1$

表 4-3 3D 编解码结构的参数设置

层级名称	卷积核	步长	特征通道数	输出
Conv5	3×3×3	1	32	$\frac{1}{2}D\times\frac{1}{2}H\times\frac{1}{2}W\times 32$
Conv6	3×3×3	1	32	$\frac{1}{2}D\times\frac{1}{2}H\times\frac{1}{2}W\times 32$
Conv7	3×3×3	2	64	$\frac{1}{4}D\times\frac{1}{4}H\times\frac{1}{4}W\times 64$
Conv8	3×3×3	1	64	$\frac{1}{4}D\times\frac{1}{4}H\times\frac{1}{4}W\times 64$

表 4-3(续)

层级名称	卷积核	步长	特征通道数	输出
Conv9	3×3×3	1	64	$\frac{1}{4}D\times\frac{1}{4}H\times\frac{1}{4}W\times64$
Conv10	3×3×3	2	64	$\frac{1}{8}D\times\frac{1}{8}H\times\frac{1}{8}W\times64$
Conv11	3×3×3	1	64	$\frac{1}{8}D\times\frac{1}{8}H\times\frac{1}{8}W\times64$
Conv12	3×3×3	1	64	$\frac{1}{8}D\times\frac{1}{8}H\times\frac{1}{8}W\times64$
Conv13	3×3×3	2	64	$\frac{1}{16}D\times\frac{1}{16}H\times\frac{1}{16}W\times64$
Conv14	3×3×3	1	64	$\frac{1}{16}D\times\frac{1}{16}H\times\frac{1}{16}W\times64$
Conv15	3×3×3	1	64	$\frac{1}{16}D\times\frac{1}{16}H\times\frac{1}{16}W\times64$
Conv16	3×3×3	2	128	$\frac{1}{32}D\times\frac{1}{32}H\times\frac{1}{32}W\times128$
Conv17	3×3×3	1	128	$\frac{1}{32}D\times\frac{1}{32}H\times\frac{1}{32}W\times128$
Conv18	3×3×3	1	128	$\frac{1}{32}D\times\frac{1}{32}H\times\frac{1}{32}W\times128$
Deconv19	3×3×3	2	64	$\frac{1}{16}D\times\frac{1}{16}H\times\frac{1}{16}W\times64$;+Conv15
Deconv20	3×3×3	2	64	$\frac{1}{8}D\times\frac{1}{8}H\times\frac{1}{8}W\times64$;+Conv12

通过轻量化 2D 卷积子网络校正误匹配代价值之后，进行视差回归以获得预测的视差图。首先采用 Softmax 激活函数将预测代价体 $\boldsymbol{C}$ 沿着视差维度的方向计算出每个视差值 d 的可能性概率值。然后对每个视差值 d 相对应的可能性概率值求和，获得最终的预测视差 $\boldsymbol{D}_{\mathrm{p}}$：

$$\boldsymbol{D}_{\mathrm{p}}(h,w)=\sum_{d=0}^{D}d\times\sigma[-\boldsymbol{C}(d,h,w)] \tag{4-12}$$

与文献[109]类似，本章采用 L_1 损失函数以训练提出的网络模型：

$$L(\boldsymbol{D}_{\mathrm{g}},\hat{\boldsymbol{D}}_{\mathrm{p}})=\sum_{h}\sum_{w}\|\boldsymbol{D}_{\mathrm{g}}(h,w)-\hat{\boldsymbol{D}}_{\mathrm{p}}(h,w)\|_1 \tag{4-13}$$

式中 $\|\cdot\|_1$——L_1 范数，用于计算真值视差图与预测视差图之间的误差值；

$\boldsymbol{D}_{\mathrm{g}}(h,w)$——基准视差图。

4.4 实验结果分析与讨论

首先,介绍参数设置、数据集与评价指标。然后,采用 Scene Flow 数据集[123]对本章提出的网络进行消融实验分析,以选择具有最佳性能的网络参数。最后,将本章算法与其他立体匹配算法预测的视差图进行定量和定性分析,以验证本章所提出的算法在估计视差值方面具有优越的性能。

4.4.1 实验细节

4.4.1.1 参数设置

在进行网络训练之前,将输入图像随机裁剪成大小为 256×512 的图像块,并归一化图像的像素强度,使其分布在−1 到 1 之间。设置训练批次大小为 1。本章采用 TensorFlow 编程来实现提出的网络。采用 RMSProp 优化器[165]对网络模型的训练参数进行优化,并设置学习率为 0.001。本章提出的网络模型在单一 GeForce RTX 1080Ti 上进行训练和测试。

4.4.1.2 数据集

(1) Scene Flow 数据集

Scene Flow 数据集是一个大规模合成的立体数据集,由 Flyingthings3D、Driving 和 Monkaa 子数据集组成。该数据集中的图像对均经过了极线校正处理,共包含左右两个视角的图像,而且图像数量很多,可以作为深度网络的预训练数据进行学习,能够对更深的深度卷积神经网络进行充分的训练。数据集共包含 35 454 对训练图像,7 090 对验证图像和 4 370 对测试图像。图像的分辨率大小为 960×540,最大视差为 192。训练图像对提供了精细且密集的基准视差图作为真值标签。对于该数据集的网络训练,设置学习率为 0.001。使用 Scene Flow 数据集训练网络,大约迭代 150 000 次,共花费 48 h。Scene Flow 数据集示意图如图 4-6 所示。

图 4-6 Scene Flow 数据集示意图

(2) MPI Sintel 数据集

MPI Sintel 数据集与 Scene Flow 数据集中的 FlyingThings3D 图像不同，该双目图像是从人工动画片中生成的，共有 2 个版本：一个是 Sintel final 版本，包含具有各种特效的动画场景图像、运动导致模糊的低质量图像；另一个是 Sintel clean 版本，没有前者的运动模糊和动画特效，是清晰、高质量的图像，提供的真值视差像素十分密集，如图 4-7 所示。在本章中，采用 Sintel clean 版本对所提出的网络进行微调和测试，Sintel clean 版本的数据集[166]包含 908 对训练图像和 133 对验证图像，图像高度为 436，宽度为 1 024。在本章中，采用 Sintel clean 版本对所提出的网络进行微调和测试。具体过程是：在 Scene Flow 数据集上预训练网络得到模型参数之后，对 MPI Sintel 训练集进行达 10 000 次的微调，然后在微调后的网络上对 MPI Sintel 数据集进行测试。

图 4-7 MPI Sintel 数据集示意图

(3) KITTI 2012 数据集

KITTI 2012 数据集为 2.4.1 节中提到的 KITTI 数据集中的一种，仅具有户外驾驶场景。KITTI 2012 数据集分为 160 个训练对，34 个验证对和 195 个测试对。训练图像和验证图像均提供了利用激光雷达获得的稀疏真值视差图，而测试图像没有提供真值视差图。图像的分辨率为 376×1 248，最大视差为 128。通过 Scene Flow 数据集预先训练网络模型，得到预训练的网络模型参数之后，采用 KITTI 2012 数据集对其进行微调。相比 Scene Flow 这种大规模的立体数据集，KITTI 2012 数据集的图像对数量大大减少，因此，重新设置网络微调过程中所需的参数，即将学习率和迭代次数分别减少到 0.000 01 和 10 000。微调后预训练网络共需要大约 16 h，远远小于大数据集的预训练时间。

4.4.1.3 评估指标

评估指标采用终点误差[167]（End-Point-Error，EPE）进行度量，即以像素为单位计算平均视差的误差值。EPE 表示估计视差值与真实值之间的平均欧式距离 l，可表示为：

$$l = \sqrt{(x_1 - x_2)^2 + (y_1 - y_2)^2} \tag{4-14}$$

式中 x_1, y_1——预测视差图像素点的横、纵坐标值；

x_2, y_2——基准视差图像素点的横、纵坐标值。

对于 Scene Flow 数据集，选择 1PE、3PE 和 5PE 进行精度分析。这 3 个评价参数表示为计算的误差值分别大于 1 像素、3 像素和 5 像素的 EPE 百分比。除此之外，还使用 EPE 的最大值（MAX）和均方根（RMS）以及运行时间（Time）进行对比，进一步证明网络设计、参数选择的正确性和所提出的模块的学习能力。

对于 KITTI 2012 数据集，在有所有区域像素（All）和只有非遮挡区域像素（Noc）的情况下，采用终点误差 EPE 来评价所提出的网络，评价标准为大于 2 像素、3 像素和 5 像素的错误像素的百分比以及平均终点误差 EPE。此外，与 Scene Flow 数据集类似，KITTI 2012 数据集也进行运行时间方面的对比分析。

4.4.2 模型的消融实验分析

在本节中，采用 Scene Flow 基准验证集对本章提出的网络进行消融实验研究分析，以证明本章的设计和选择是最佳的。实验主要包括多层级特征金字塔池化模块和立体匹配网络。

4.4.2.1 多层级特征金字塔池化模块的消融实验

为了证明多层级特征金字塔池化模块的结构设计和参数选择均是最有效的，本节对所提出的模块进行了消融研究，包括不同次数的上采样(0,1,2,3)及不同尺寸的最大池化(3×3,6×6,12×12,24×24)。在消融实验中，默认只采用 3D 编解码结构，不采用轻量化 2D 卷积子网络。对比结果如表 4-4 所示，包括 EPE 和计算时间，其中 px 为像素单位，星号✓表示网络采用的上采样次数和池化尺寸。

表 4-4 多层特征金字塔池化模块在不同设置下的对比结果

上采样(次数)				池化(尺寸)				1PE/%	3PE/%	5PE/%	MAX/px	RMS/px	Time/s
0	1	2	3	3×3	6×6	12×12	24×24						
✓				✓				17.3	9.8	7.6	2.71	13.6	1.15
	✓			✓				17.0	9.6	7.1	2.64	13.1	1.19
		✓		✓	✓			16.5	9.4	6.8	1.59	12.8	1.25
			✓	✓				15.9	8.3	5.8	1.35	12.2	1.34
			✓	✓	✓			16.2	8.7	6.1	1.51	12.3	1.31
			✓		✓	✓		16.5	9.0	6.3	1.57	12.7	1.28
			✓			✓	✓	16.8	9.2	6.7	1.61	13.0	1.23

从表 4-4 中可以看出，在没有采用上采样，且没有使用大小为 3×3 池化的情况下，网络运行时间最短，性能最差。通过采用 3 次上采样和大小为 3×3 的池化操作后，网络计算误差最小，但由于次数增加和池化的尺寸较小，运行时间相对较长。根据上述的分析结果，本章采用 3 次上采样和一个尺寸为 3×3 的池化操作，共同组成多层级特征金字塔池化模块，融合了 4 层特征图中高层和低层的信息，从而使得所有尺度的特征都具有了丰富的语义信息，且通过牺牲微小的运行时间增强特征匹配的判别性，提高立体匹配网络的视差预测精度。

4.4.2.2 立体匹配网络的消融实验

在不同参数设置的网络上，采用 Scene Flow 验证集进行本章所提出的网络性能的比较，包括多层级特征金字塔池化模块、轻量化 2D 卷积子网络以及两者的结合。对比结果如表 4-5 所示，其中星号✓表示模块被选中。

从表 4-5 中第 2 行和第 3 行的数据可知，采用多层级特征金字塔池化模块能够显著降低 EPE。仅采用轻量化 2D 卷积子网络计算的 EPE 为 1.32 px，相比仅采用多层级特征金字塔池化模块计算的误差值更大，但是运行时间较短。将多层级特征金字塔池化模块与轻量化 2D 卷积子网络相结合的网络在运行时间上稍有增加，但是计算得到的 EPE 最小，预测精度高于其他不同参数设置的网络。由此可见，将轻量化 2D 卷积子网络获得的全局结构信息与 3D 编解码结构计算出的匹配代价相融合，进一步纠正了误匹配值，网络性能明显优于其他不同设置的网络，而且网络不需要任何其他的后处理操作。

表 4-5　Scene Flow 数据集在不同设置下的对比结果

多层级特征金字塔池化	轻量化 2D 卷积子网络	1PE/%	3PE/%	5PE/px	EPE	Time/s
✓		15.9	8.3	5.8	1.27	1.28
	✓	17.1	9.6	7.3	1.32	1.14
✓	✓	15.6	7.9	5.1	1.23	1.37

4.4.3　网络模型的实验分析

4.4.3.1　在 Scene Flow 数据集上的实验分析

本节在 Scene Flow 数据集上定量评估了本章所提出的网络与其他立体匹配网络的性能。表 4-6 列举了本章所提出的网络与其他使用深度学习的立体匹配网络的计算结果，包括 MC-CNN[115]、DispNetC[123]、Content-CNN[130]、CRL[124]、SegStereo[168]和 GC-Net[129]。

表 4-6　在 Scene Flow 数据集上的比较结果

算法	1PE/%	3PE/%	5PE/%	EPE/px	Time/s
MC-CNN[115]	17.5	10.3	8.4	1.30	58.00
DispNetC[123]	19.4	11.2	9.1	1.46	0.13
Content-CNN[130]	18.9	10.7	8.6	1.41	1.20
CRL[124]	15.9	8.2	6.5	1.29	0.62
SegStereo[168]	15.7	7.8	6.1	1.27	0.79
GC-Net[129]	16.4	9.2	6.8	1.35	0.95
本章方法	15.6	7.9	5.7	1.23	1.37

从表 4-6 中的对比数据可以看出，本章提出的模块在不做任何后处理的情况下也可以达到较好的水平。在分别大于 1 px、3 px、5 px 的误差范围内，本章所提出的方法的计算误差分别是 15.6%、7.9%和 5.7%，EPE 是 1.23 px。此外，虽然相比运行时间最短的 DispNetC，运行时间增加了 1.24 s，但是在预测视差精度方面 EPE 值减小了 0.23 px，性能提升显著。由此可以证明本章所提出的算法在两个方面具有竞争力：一方面，本章提出的模块经多次融合高级特征和低级特征之后才执行相同大小的池化操作，弥补了低层结构信息的缺乏；另一方面，利用目标图像的底层结构信息可以对单一 3D 编解码结构计算的误匹配代价值进行校正，提高了代价计算的准确性。

对 Scene Flow 基准数据集进行定性分析，预测结果如图 4-8 所示，从左到右分别为左图像、真值图和预测视差图。从图 4-8 中可以更直观地分析与验证预测视差图与真值图之间的差异。通过本章所提出的模块得到的预测视差图具有较高的准确性，对于不规则边缘和复杂纹理的区域，在一定程度上保留了完整且清晰的轮廓和细节。

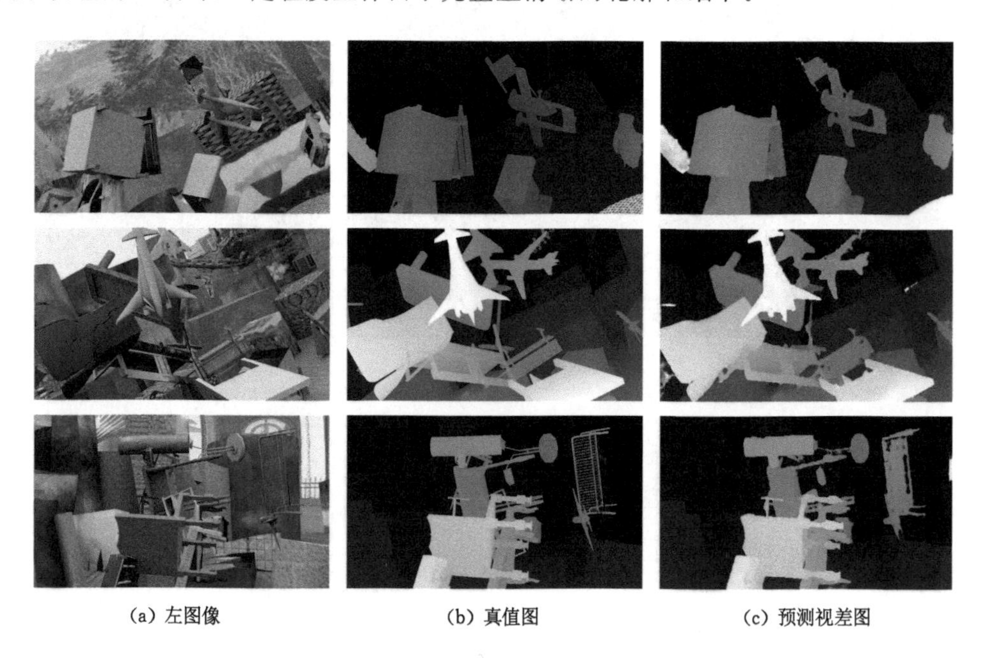

图 4-8 在 Scene Flow 数据集上的定性预测结果

在 Scene Flow 基准数据集上，对本章提出的网络与几个现有的不同立体匹配网络进行了定性评估，其中，包括 DispNetC[123]、Content-CNN[130] 和 MC-CNN[115]。不同立体匹配网络的定性结果如图 4-9 所示。当采用测试集中的数据测试网络时，不能提供一系列立体图像对的真值视差图。

由左图像以及通过 4 个网络获得的预测视差图中标记的黄色方框可以进行分析：从第 1 幅左图像获得的 4 幅预测视差图可以看出，由本章方法预测的花盆轮廓边缘相比其他方法来说最锋利，并且支架部分相对来说更加完整，不存在缺陷；而由 DispNetC[123] 获得的支架部分结构不完整，存在中断；由 Content-CNN[130] 和 MC-CNN[115] 获得的支架均与背景图案混淆，间隙不清楚。从第 2 幅左图像获得的 4 幅预测视差图中可以看出，本章方法获得的支架也比其他视差图更加完整。从第 3 幅左图像获得的 4 幅预测视差图中可以看出，本章方法所获得的草丛比其他网络更完整、更准确。此外，通过本章方法和 MC-CNN[115] 获得的视差图中，盒子上的直线也比其他网络更加完整。通过本章方法、Content-CNN[130] 和 MC-CNN[115] 获得的视差图中的摩托车比 DispNetC[123] 更准确，其中本章方法得到的摩托车后视镜比其他网络更细致、精确。

考虑以上实验比较结果，从上述验证集和测试集的比较实验中可以看出，在不规则边缘和纹理复杂的区域，通过本章方法计算得到的预测视差图比其他模块更加清晰和准确。本章方法预测的视差精度较高，可以有效提高立体匹配网络的性能。

4.4.3.2 在 KITTI 2012 数据集上的实验分析

在 KITTI 2012 数据集上的定量评估如表 4-7 所示，列举了 DispNetC[123]、GC-Net[129]、

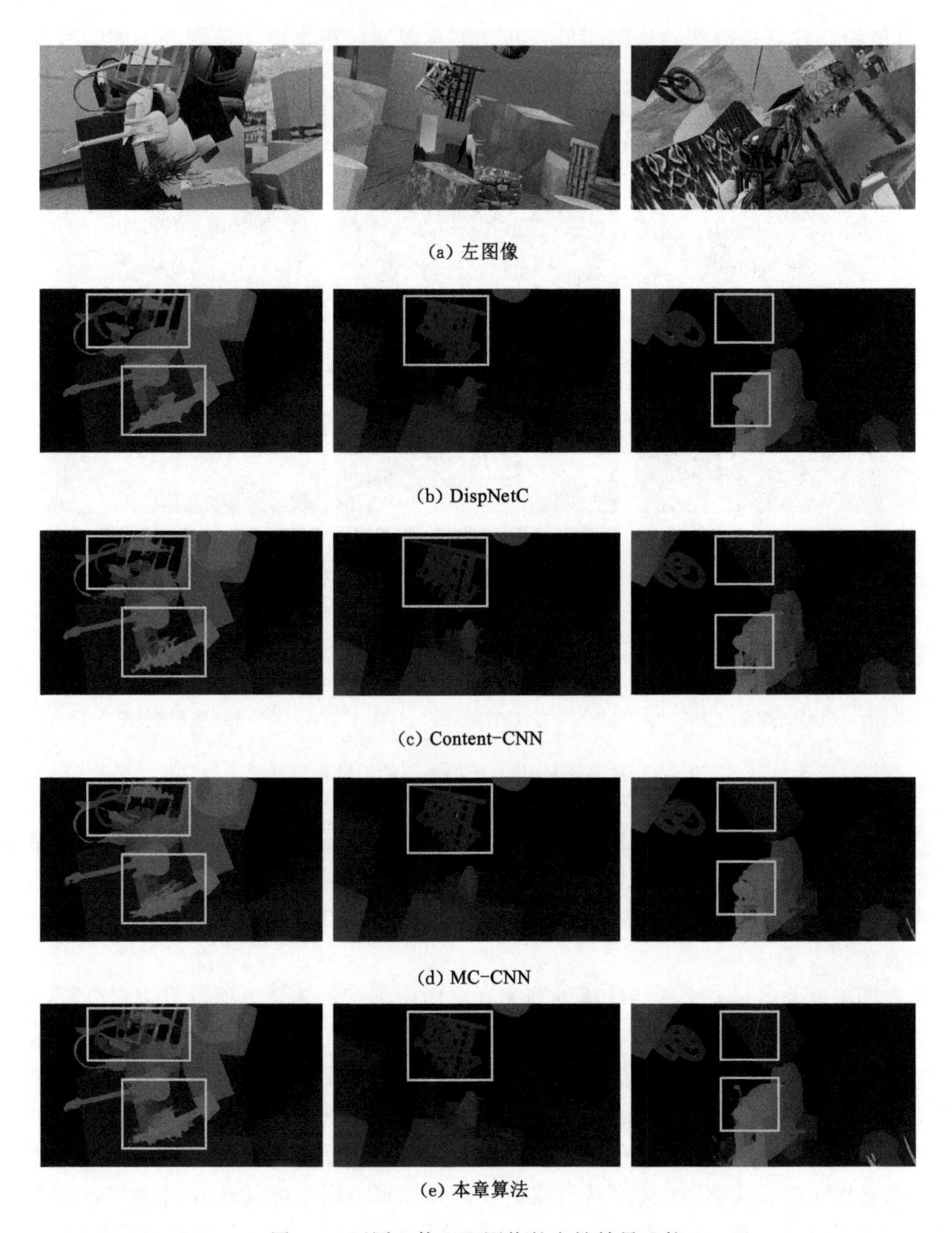

(a) 左图像

(b) DispNetC

(c) Content-CNN

(d) MC-CNN

(e) 本章算法

图 4-9　不同立体匹配网络的定性结果比较

MC-CNN-acrt[169]、Content-CNN[130]、SegStereo[168]、BGNet+[170]、FADNet[171]和本章算法的计算结果。由表 4-7 可知，本章算法与其他几种算法相比，在无遮挡区域中，大于 2 px 和 3 px 的误差值均最低，分别为 2.56%和 1.60%。在无遮挡和所有区域中计算所得的 EPE 值与 SegStereo、BGNet+和 FADNet 相同，均为 0.5 px 和 0.6 px。这表明多层级特征金字塔池化模块可以获取图像对中丰富的多尺度多层级特征信息，而且轻量化 2D 卷积子网络可以纠正 3D 编解码结构计算的误匹配代价值，从而整个立体匹配网络在无遮挡区域和所有区域均能得到精确的预测视差值。

表 4-7 在 KITTI 2012 数据集上的比较结果

算法	>2 px/%		>3 px/%		>5 px/%		EPE/px		Time/s
	Noc	All	Noc	All	Noc	All	Noc	All	
DispNetC[123]	7.38	8.11	4.11	4.65	2.05	2.39	0.9	1.0	0.06
GC-Net[129]	2.71	3.46	1.77	2.30	1.12	1.46	0.6	0.7	0.9
MC-CNN-acrt[169]	3.90	5.45	2.43	3.63	1.64	2.39	0.7	0.9	67.0
Content-CNN[130]	4.98	6.51	3.07	4.29	2.03	2.82	0.8	1.0	0.7
SegStereo[168]	2.66	3.19	1.68	2.03	1.00	1.21	0.5	0.6	0.6
BGNet+[170]	2.78	3.35	1.62	2.03	0.90	1.16	0.5	0.6	0.02
FADNet[171]	3.27	3.84	2.04	2.46	1.19	1.45	0.5	0.6	0.05
本章方法	2.56	3.27	1.60	2.05	0.98	1.23	0.5	0.6	1.23

4.4.3.3 其他数据集的定性实验分析

(1) Middlebury 数据集

除了使用 Scene Flow 数据集和 MPI Sintel 数据集进行分析和验证外，还可以使用 Middlebury 数据集进行定性分析。由于 Middlebury 数据集的数量较少，Cone、Bowling、Teddy 和 Aaloe 立体图像对不需要预先进行网络微调，直接在 Scene Flow 数据集训练得到的网络上进行测试。图 4-10 展示了左图像、真值图和本章算法计算的预测视差图。将预测的视差图与图 4-10 中的基准视差图进行比较，进一步证明了所提出的网络的泛化性和可行性。

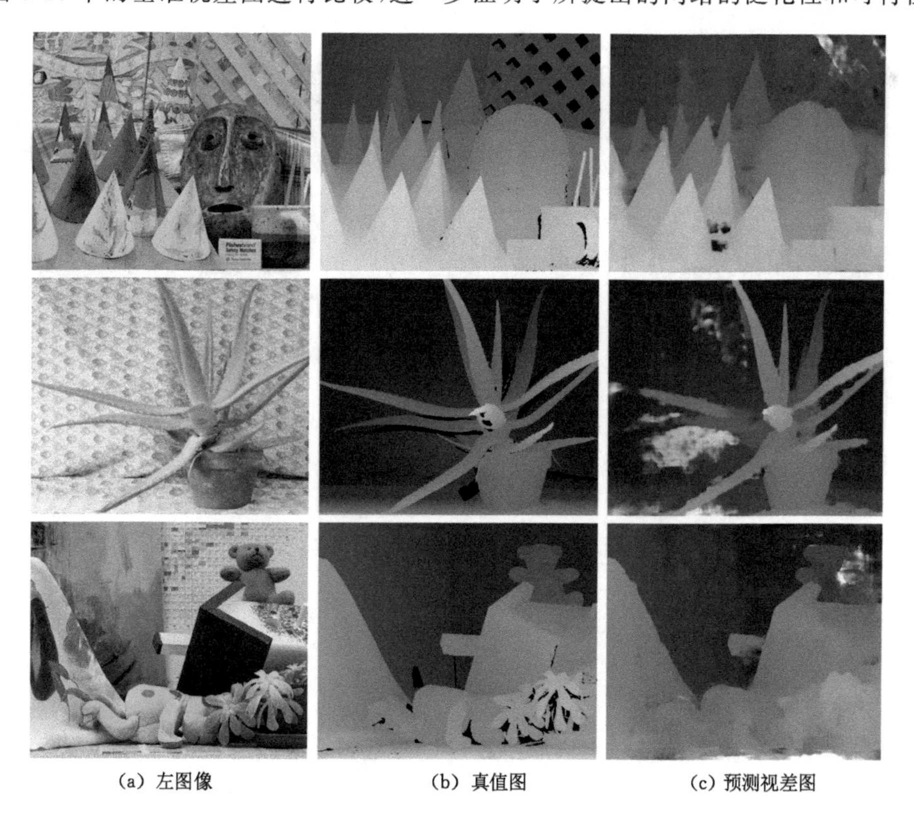

(a) 左图像　(b) 真值图　(c) 预测视差图

图 4-10 Middlebury 基准数据集的定性结果

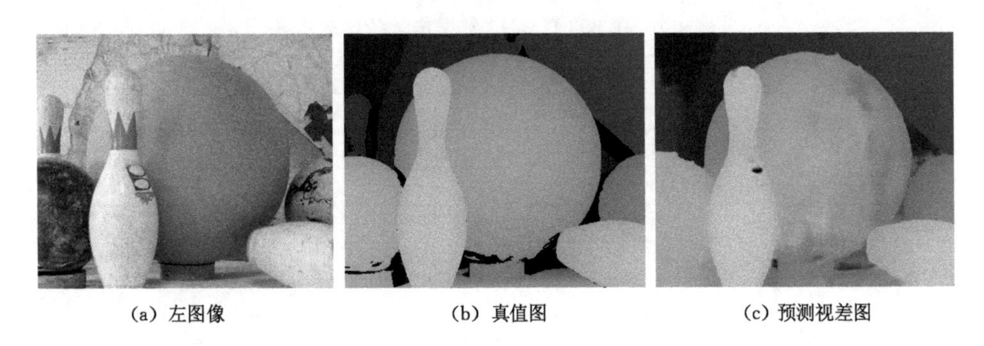

图 4-10(续)

(2) MPI Sintel 数据集

为了进一步证明本章所提出的模块的可行性,在 Scene Flow 数据集预训练结束之后,使用 MPI Sintel 数据集对预训练网络模型进行微调,然后使用该数据集进行测试,并对测试结果定性分析。MPI Sintel 数据集的定性结果如图 4-11 所示,从左到右依次排列为左图像、真值图和预测视差图。从图中可以看出,预测的视差图虽然在诸多细节上预测精度不够,但是对象的整体轮廓包括其边缘部分均预测良好,可以满足要求,具有泛化性和可行性。

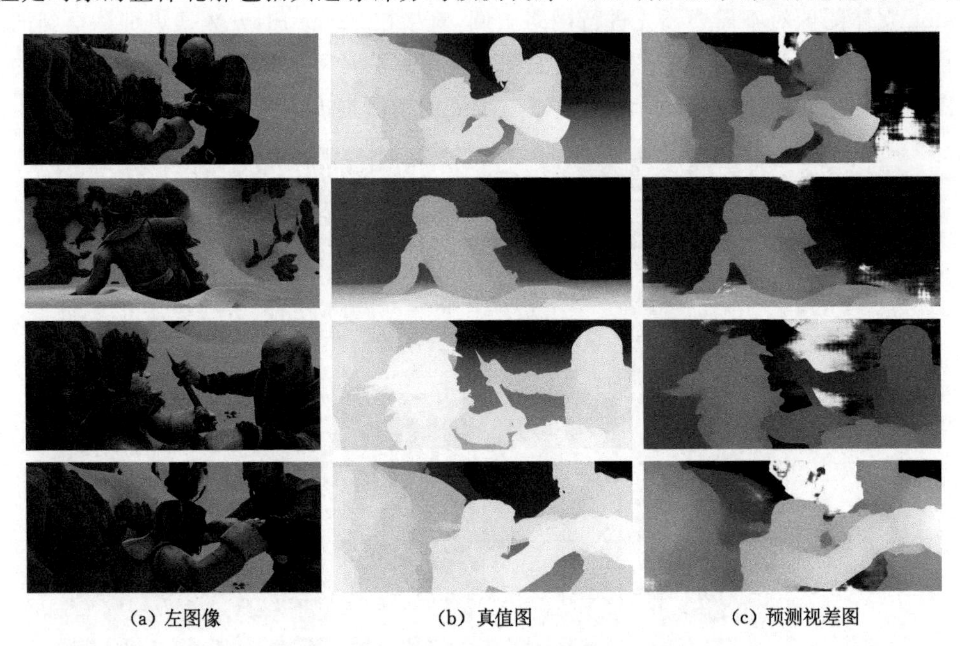

图 4-11　MPI Sintel 数据集的定性结果

4.5　本章小结

本章提出了一种基于特征金字塔网络改进的多层级特征金字塔池化模块,该模块与轻量化 2D 卷积子网络相结合来估计视差。利用 3 个串联的卷积可以提取基本图像特征,进而利用残差网络获得了不同层级和不同分辨率的特征。多层级特征金字塔池化模块融合了

4 层特征图中高层和低层的信息，从而使得所有尺度的特征都具有了丰富的语义信息。轻量化 2D 卷积子网络获得的全局结构信息与 3D 编解码结构计算出的匹配代价相融合，进一步纠正了误匹配值，提高了匹配精度，而且网络不需要任何其他的后处理操作。在 Scene Flow 数据集上的定性对比分析中本章算法计算的 EPE 值相比 GC-Net 减小了 0.12 px，在 Scene Flow、MPI Sintel 和 Middlebury 数据集实验中获得的预测视差图取得了良好的效果，均证明了本章所提出的模块的优越性和有效性。

5 面向立体匹配的三维注意力聚合编解码代价聚合网络研究

5.1 引　　言

在上一章立体匹配子网络模型中提出了一种轻量化 2D 卷积子网络，可结合 3D 编解码结构共同作用于代价体的聚合。然而采用的 3D 编解码结构仍然无法最大限度地利用并聚合代价体。针对此问题，本章提出了一种 3D 注意力聚合编解码代价聚合网络框架，主要包括子分支和跨阶层聚合编码模块、三维注意力重编码模块和逐阶层聚合解码模块。首先，设计一个子分支与跨阶层聚合编码模块，通过子分支流内的依次传递和子分支流间的跨阶层传递两种聚合方式，实现在编码过程中不同深度代价体信息的持续传递。然后，设计一个 3D 注意力重编码模块，重新编码子分支流的高层语义信息，进而获得具有判别性和鲁棒性的 4D 代价体。最后，利用逐级融合和双线性插值方式，构建逐阶层聚合解码模块来解码代价体，进一步提高代价聚合网络的上采样学习能力。在 Scene Flow 基准数据集上的实验结果表明，本章算法相比 GC-Net，当时间减少 0.5 s 时 EPE 值减小了 0.49 px，且对视差图的预测更为完整细致，证明了 3D 注意力聚合编解码网络具有卓越的代价聚合性能。

立体匹配的整体网络框架如图 5-1 所示。首先，将目标图像和参考图像作为立体匹配网络的输入，使用 PSMNet[109] 中的残差网络提取立体图像对的特征。然后，借鉴 Gwc-Net[172] 中的分组相关算法，生成包含相关和级联的 4D 代价体，并采用本章提出的代价聚合网络对其进行正则化计算。最后，采用平滑 L_1 损失函数进行视差回归，得到预测的视差图。

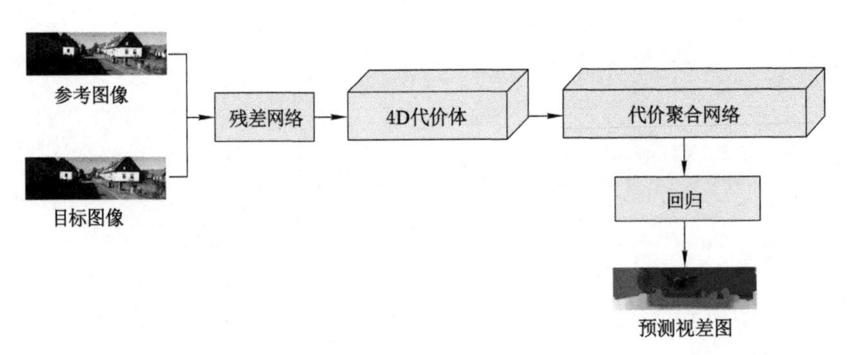

图 5-1　立体匹配的整体网络框架示意图

5.2　三维注意力聚合编码网络

立体匹配通常由 4 个部分组成，分别为特征提取、构建代价体、代价聚合和视差计算与优化。然而，基于深度学习的代价聚合方法的选择并不多。在现有的代价聚合网络中，广泛采用的是 3D 编解码结构和堆叠 3D 编解码结构，其中，单一 3D 编解码结构[137]采用 3D 卷积从视差、高度和宽度 3 个维度聚合 4D 代价体，完全保留了从立体图像对中提取的特征信息，结构图如 4.3.2 节图 4-5 中所示的 3D 卷积网络。在后续研究中，文献[109]和[172]等仍然遵循这一核心思想，设计出堆叠的 3D CNN 以正则化代价体，堆叠 3D 编解码结构如图 5-2 所示。这种网络结构包含多个输出和损失计算，有效地提高了匹配精度，但同时也增加了训练内存和训练时间。此外，He 等[106]还引入了一种具有两个不同大小感受野的并行 3D 编解码结构来获取多尺度 3D 特征。然而，在平行结构中，信息的交互利用是不足的。因此，本章不采用内存消耗大的堆叠 3D CNN，而是采用基于原始单一 3D 编解码结构的策略。

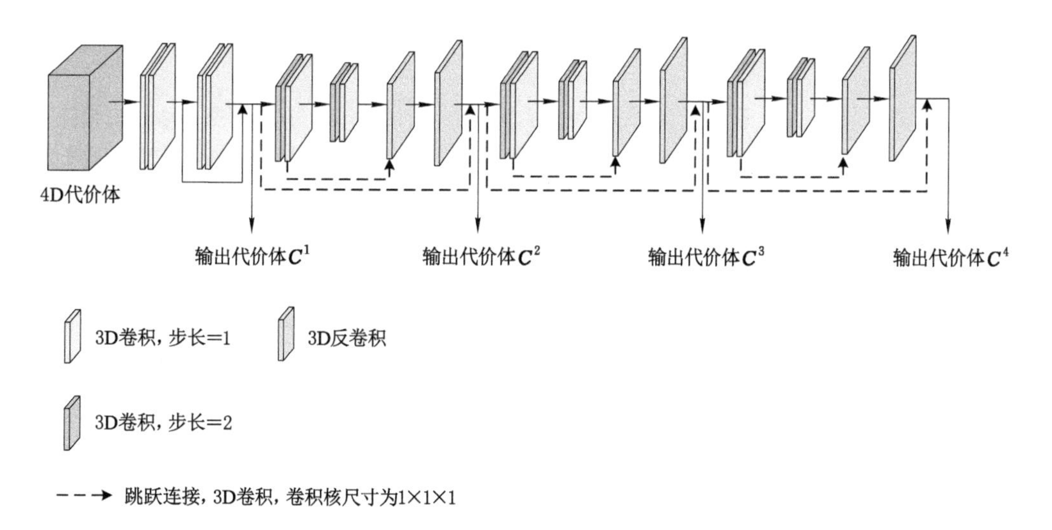

图 5-2　堆叠 3D 编解码结构示意图

5.2.1　子分支聚合编码

单一 3D 编解码结构通过单一 3D CNN(包括 3D 卷积和 3D 反卷积两种高维度卷积方式)来正则化代价体，以提取代价体在多个维度上的几何信息。随着网络结构中编码层数的增加，高低层语义信息之间的交互频率越小，高低层级之间信息的丢失越严重，即呈正相关关系。换言之，网络层数越深，高低层信息之间越需要丰富且复杂的学习交流，以保证特征信息在网络中的持续传递。因此，本节针对网络中随着层数的加深导致的信息丢失问题，提出一种包含子分支与跨阶层的聚合编码策略，重点研究了如何在代价聚合网络的编码过程中整合不同深度的代价体信息。具体设计思路如下：

网络分支个数越多，相应的特征下采样次数也越多。受限于输入图像的尺寸，得到的特征尺寸过小,信息损失更严重。因此,考虑输入图像下采样次数对网络学习的影响,提出了子分支聚合编码模块,如图 5-3 所示。

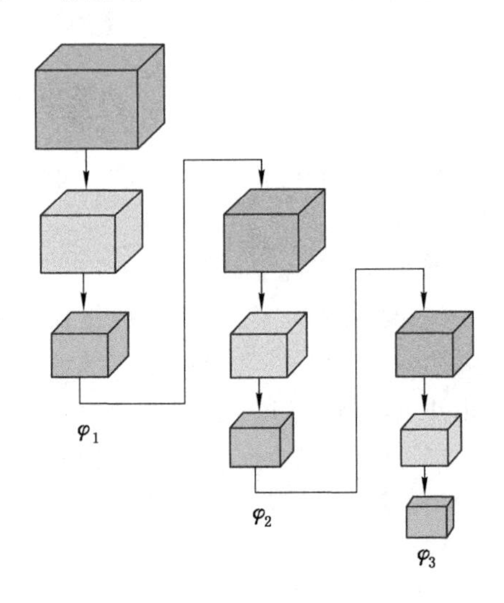

图 5-3 子分支聚合编码模块示意图

整个模块共包含 3 个子分支流。其中,每个子分支流均包含 3 个下采样操作,该下采样操作可以看作 3 个代价体的逐阶层细化过程。下采样操作会降低代价体的分辨率,因此,根据相同分辨率的特征可以进行相互融合的性质,将上一个子分支流的输出传输给下一个子分支流,并作为其中的输入特征之一。值得注意的是,上一个子分支流的输出需要与下一个子分支流的输入具有相同分辨率。

具体流程分为两个部分:在每一个子分支流内,上一阶层的信息输入下一阶层中;在上下两个相邻子分支流间,上一个子分支流最后的输出输入下一个子分支流的第 1 个阶层内。换言之,子分支聚合编码是为了进一步评估和重新评估更高层级的空间关系。

具体过程如下:首先,定义某一个子分支流为 $\boldsymbol{y}=\varphi_n(\boldsymbol{x})$,其中 n 表示子分支流的索引。因此,3 个子分支流分别表示为 $\boldsymbol{C}_i=\varphi_1(\boldsymbol{C})$、$\boldsymbol{C}_i=\varphi_2(\boldsymbol{C})$、$\boldsymbol{C}_i=\varphi_3(\boldsymbol{C})$。然后,将子分支流的输出 φ_n 作为下一个子分支流的输入 φ_{n+1}。子分支聚合编码的整个过程可以表示为:

$$\boldsymbol{C}_i = \varphi_3\{\varphi_2[\varphi_1(\boldsymbol{C})]\} \tag{5-1}$$

式中 i——阶层的索引。

子分支聚合编码的参数设置如表 5-1 所示。

表 5-1 子分支聚合编码的参数设置

层级名称	卷积核	步长	特征通道数	输出
输入	—	—	—	$\frac{1}{4}D\times\frac{1}{4}H\times\frac{1}{4}W\times64$
Agg1_0	3×3×3	1	32	$\frac{1}{4}D\times\frac{1}{4}H\times\frac{1}{4}W\times32$

表 5-1(续)

层级名称	卷积核	步长	特征通道数	输出
Agg1_1	3×3×3	1	32	$\frac{1}{4}D\times\frac{1}{4}H\times\frac{1}{4}W\times 32$
Agg1_2	3×3×3	2	64	$\frac{1}{8}D\times\frac{1}{8}H\times\frac{1}{8}W\times 64$
Agg1_3	3×3×3	2	128	$\frac{1}{16}D\times\frac{1}{16}H\times\frac{1}{16}W\times 128$
Att1_4	—	—	128	$\frac{1}{16}D\times\frac{1}{16}H\times\frac{1}{16}W\times 128$
上采样层	上采样,×4		128,160	$\frac{1}{4}D\times\frac{1}{4}H\times\frac{1}{4}W\times 128$;Concat:Agg1_1
Agg2_1	3×3×3	2	32	$\frac{1}{8}D\times\frac{1}{8}H\times\frac{1}{8}W\times 32$
Agg2_2	3×3×3	2	64	$\frac{1}{6}D\times\frac{1}{6}H\times\frac{1}{6}W\times 64$
Agg2_3	3×3×3	2	128	$\frac{1}{32}D\times\frac{1}{32}H\times\frac{1}{32}W\times 128$
Att2_4	—	—	128	$\frac{1}{32}D\times\frac{1}{32}H\times\frac{1}{32}W\times 128$
上采样层	上采样,×4	—	128,160	$\frac{1}{8}D\times\frac{1}{8}H\times\frac{1}{8}W\times 128$;Concat:Agg2_1
Agg3_1	3×3×3	2	32	$\frac{1}{16}D\times\frac{1}{16}H\times\frac{1}{16}W\times 32$
Agg3_2	3×3×3	2	64	$\frac{1}{32}D\times\frac{1}{32}H\times\frac{1}{32}W\times 64$
Agg3_3	3×3×3	2	128	$\frac{1}{64}D\times\frac{1}{64}H\times\frac{1}{64}W\times 128$
Att3_4	—	1	128	$\frac{1}{64}D\times\frac{1}{64}H\times\frac{1}{64}W\times 128$

5.2.2 跨阶层聚合编码

从高分辨率到低分辨率的信息传输过程中,3 个子分支流的特征细化均是单独进行的,彼此之间缺乏互相学习与借鉴。而且,其中的单个代价聚合子分支流类似于单一 3D 编解码结构的编码阶段。针对这个问题,考虑相邻子分支流中相同深度的几何代价体具有相同分辨率的属性,除了 5.2.1 节提到的在上下两个相邻子分支流间,将上一个子分支流最后的输出输入下一个子分支流的第 1 个阶层内这种连接方式之外,本节在两个相邻子分支流的不同阶层内融合相同分辨率的代价体，使其能够最大限度地整合网络计算过程中不同阶层的特征。

具体过程如下：对于第 n 个子分支流 $\varphi_n(\boldsymbol{C})$，定义其中的第 i 个阶层为 $\varphi_n^i(\boldsymbol{C})$，定义上一个子分支流的同一阶层为 $\varphi_{n-1}^i(\boldsymbol{x})$，则跨阶层聚合编码过程可以表示为：

$$\boldsymbol{C}_n^i=\begin{cases}\boldsymbol{C}_n^{i-1} & n=1\\ \varphi_n^i[\boldsymbol{C}_n^{i-1},\boldsymbol{C}_{n-1}^i] & n>1\end{cases} \tag{5-2}$$

当 $n>1$ 时，$\boldsymbol{C}_n^{i-1}$ 和 $\boldsymbol{C}_{n-1}^i$ 具有相同的分辨率。将第 $n-1$ 个子分支流中第 i 级的输出 $\boldsymbol{C}_{n-1}^i$ 与第 n 个子分支流中第 $i-1$ 级的输出 $\boldsymbol{C}_n^{i-1}$ 通过级联操作相融合，共同作为第 n 个子分支流中第 i 级的输入。依次类推，连接并聚合编码模块中的每一个子分支流与其所在的每一个阶层中的输出。跨阶层聚合编码如图 5-4 所示。跨阶层聚合编码不仅学习了第 n 个代价体中的新特征图，而且保留了第 $n-1$ 个代价体的感受野。

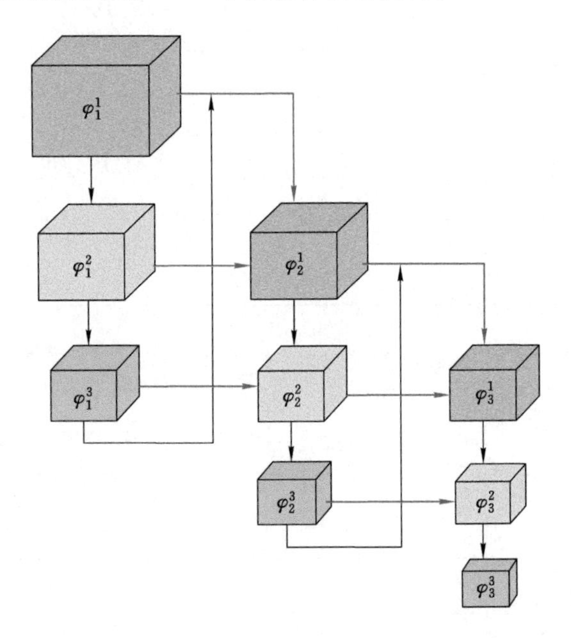

图 5-4　跨阶层聚合编码示意图

子分支聚合编码和跨阶层聚合编码共同作用于代价体聚合中，能够最大限度地利用每个子分支流内的信息和 3 个子分支流间的信息，减少了信息在网络传输过程中的丢失。包含丰富详细的层级信息流可以通过多个子分支进行传递，获得了满足要求的多层级上下文。

5.2.3　三维注意力重编码

在网络学习过程中，不同的通道之间包含不同重要程度的特征信息，因而具有不同大小的权重响应值。其中，有些通道中的信息对网络的学习具有重要作用，而有些通道中噪声的存在会干扰当前的匹配代价计算任务。普遍采用的注意力模块均是针对 2D 特征图设计的，而对于 4D 代价体这类具有更多维度属性的特征来说，缺乏有效的相应模块。因此，为了能够以较小的计算复杂度，提高代价聚合网络在提取高级语义信息时学习任意两个通道图之间关系的能力，本节借鉴文献[103]中提出的 2D 注意力模块的思想，构建 3D 注意力重编码模块。为了清楚地描述3D注意力重编码模块，首先介绍2D通道注意力模块。

2D通道注意力模块如图5-5所示。首先，给定特征$\boldsymbol{A}^{C\times H\times W}$，将其变形为$\boldsymbol{A}^{C\times L}$，其中$L=H\times W$。然后，在$\boldsymbol{A}^{C\times L}$和相应的转置$\boldsymbol{A}^{L\times C}$之间进行矩阵乘法运算。最后，采用Softmax激活函数来计算2D通道注意力特征图$\boldsymbol{X}^{C\times C}$，即第$i$个通道特征相对第$j$个通道特征的相似性概率值$x_{ji}$。

$$x_{ji}=\frac{\exp(\boldsymbol{A}_i^{\mathrm{T}}\cdot\boldsymbol{A}_j)}{\sum_{i=1}^{C}\exp(\boldsymbol{A}_i^{\mathrm{T}}\cdot\boldsymbol{A}_j)} \tag{5-3}$$

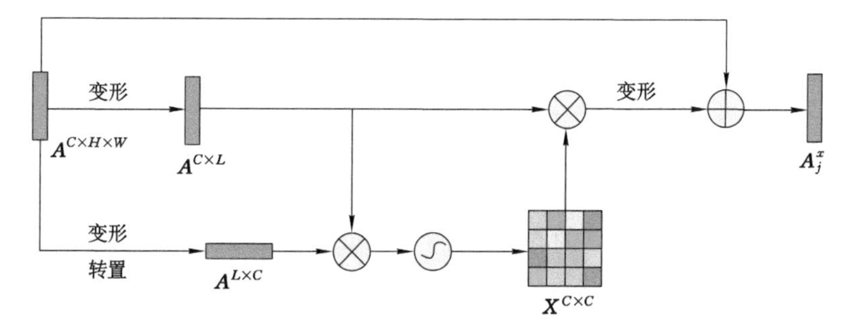

图5-5　2D通道注意力模块示意图

通过对所有通道特征进行加权求和来更新第j个通道特征，并且融合更新的特征权重与对应的通道特征$\boldsymbol{A}_j$以获得通道编码特征。

$$\boldsymbol{A}_j^x=\alpha\sum_{i=1}^{C}(x_{ji}\boldsymbol{A}_i)+\boldsymbol{A}_j \tag{5-4}$$

式中　α——从0开始逐级学习的通道尺寸因子。

二维图像特征为三维张量，三维代价体特征为四维张量，两者之间的维度差异使常规注意力方法无法同时应用于特征提取与代价聚合这两个子模块中，注意力机制在立体匹配网络中应用较少、方式单一，从而整个立体匹配网络缺乏有效协同的注意力机制，对长距离上下文信息无法做到多模块多层级关注。因此，类似2D通道注意力模块，只关注4D代价体的通道维度，其中每个视差维度包含一个尺寸为$C\times H\times W$的3D特征图。3D注意力重编码模块如图5-6所示。在聚合编码模块中，对代价体在通道维度方向上进行了类似的操作，用于每个子分支流的末端。

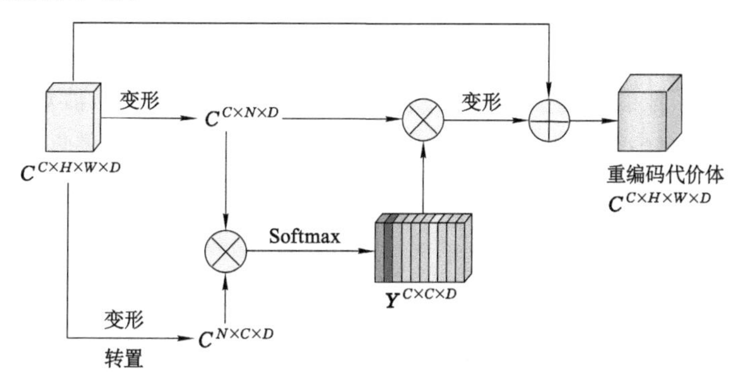

图5-6　3D注意力重编码模块示意图

与 2D 通道注意力模块类似，首先，定义输入子分支流最后一个阶层的代价体为 $\boldsymbol{C}^{C\times H\times W\times D}$，并将其变形为 $\boldsymbol{C}^{C\times N\times D}$，其中 $N=H\times W$。然后，对 $\boldsymbol{C}^{C\times N\times D}$ 和相应的转置 $\boldsymbol{C}^{N\times C\times D}$ 进行矩阵乘法运算。最后，采用 Softmax 激活函数计算 3D 通道注意力图 $\boldsymbol{Y}^{C\times C\times D}$，即计算 C 个通道中第 i 个通道特征相对第 j 个通道特征的相似性概率值 y_{ji}：

$$y_{ji}=\frac{\exp(\boldsymbol{C}_i^{\mathrm{T}}\times\boldsymbol{C}_j)}{\sum_{i=1}^{C}(\boldsymbol{C}_i^{\mathrm{T}}\times\boldsymbol{C}_j)} \tag{5-5}$$

将所有更新的通道特征和对应的原始通道特征 $\boldsymbol{C}_j$ 加权求和，从而获得第 j 个通道的最终特征。

$$\boldsymbol{C}_j^{y}=\beta\sum_{i=1}^{C}y_{ji}\boldsymbol{C}_i+\boldsymbol{C}_j \tag{5-6}$$

式中　β——从 0 开始逐级学习的通道尺寸因子。

通过整合所有通道特征图的相关性特征，获得增大或减小的特征权重；对所在子分支流中提取的高级信息给予不同程度的有效关注；对代价体的通道在子分支中的长期语义依赖性建模，获得鲁棒的重编码 4D 代价体，增强了代价体的可判别性。

5.3　三维注意力聚合解码网络

5.3.1　上采样解码算法

子采样是网络编码过程，用于降低对应特征的输出尺寸。上采样是子采样的逆运算，对应的是网络解码过程，用于将高维度特征图从小尺寸恢复为大尺寸，以便以分类或者回归的方式进行逐像素预测。在卷积神经网络中，用于扩大特征图的上采样方法[173-174]一般包括反卷积、插值、向上池化 3 种。

(1) 反卷积

反卷积也称为转置卷积，一般包括 2D 反卷积和 3D 反卷积两种。① 2D 反卷积：首先在输入的相邻像素间填充 0，并在边缘填充 0，然后将图像中不为 0 的像素值作为卷积核的权重，与填充后的特征相乘，作为不为 0 的像素值所对应的上采样输出，其中重叠部分直接相加。② 3D 反卷积：在 4.3.2.1 节的代价聚合过程中，采用两个卷积核尺寸为 3×3×3 的 3D 反卷积进行两次上采样以恢复分辨率。

(2) 插值

插值用于恢复图像的空间分辨率，一般包括 3 种。① 最近邻插值算法：寻找待插值像素的 4 个相邻像素，选择这 4 个相邻位置中距离待插值像素最近的像素值赋给待插值的像素，是目前来说最简单的一种插值方法。② 双线性插值算法：在 x 轴和 y 轴上依次进行两次线性变换，其中线性变换为一次线性插值计算。③ 双三次插值算法：对邻近范围为 4×4 区域内的像素做加权运算，取代了线性插值运算。该算法常用于超分辨率任务，但其计算较复杂且速度较慢。

(3) 向上池化

在向上池化时将最大值位置像素设置为特征值，其他位置均补 0。

5.3.2　逐阶层聚合解码

根据 5.3.1 节可以得出上采样过程中会丢失大量的信息的结论。因此，为恢复特征分辨率同时尽可能保留信息，本节借鉴 5.3.1 节描述的双线性插值算法，提出一种逐阶层聚合解码模块。将低层特征中的局部空间信息嵌入高层特征中，从而利用高层特征中的全局上下文信息来指导低层特征。逐阶层聚合解码的参数设置如表 5-2 所示。

表 5-2　逐阶层聚合解码的参数设置

层级名称	卷积核	步长	特征通道数	输出
输入	—	—	—	$\frac{1}{4}D\times\frac{1}{4}H\times\frac{1}{4}W\times64$
Att3_4	上采样，×2	—	128	$\frac{1}{32}D\times\frac{1}{32}H\times\frac{1}{32}W\times128$；+Att2_4
降维	1×1×1	1	128	$\frac{1}{32}D\times\frac{1}{32}H\times\frac{1}{32}W\times128$
上采样层	上采样，×2	2	128	$\frac{1}{16}D\times\frac{1}{16}H\times\frac{1}{16}W\times128$；+Att1_4
降维	1×1×1	1	32	$\frac{1}{16}D\times\frac{1}{16}H\times\frac{1}{16}W\times32$；+Agg3_1
上采样层	上采样，×2	2	32	$\frac{1}{8}D\times\frac{1}{8}H\times\frac{1}{8}W\times32$
降维	1×1×1	1	32	$\frac{1}{8}D\times\frac{1}{8}H\times\frac{1}{8}W\times32$；+Agg2_1
上采样层	上采样，×2	2	32	$\frac{1}{4}D\times\frac{1}{4}H\times\frac{1}{4}W\times32$
降维	1×1×1	1	32	$\frac{1}{4}D\times\frac{1}{4}H\times\frac{1}{4}W\times32$；+Agg1_1
上采样层	上采样，×4	2	32	$D\times H\times W\times32$
降维	1×1×1	1	1	$D\times H\times W\times1$

3D 注意力聚合编解码代价聚合网络框架主要由子分支与跨阶层聚合编码模块、3D 注意力重编码模块和逐阶层聚合解码模块组成，如图 5-7 所示。其中，Agg$h$_g 表示编码模块中第 h 个子分支流的第 g 个阶层，Att$h$_4 表示编码模块中第 h 个子分支流的第 4 个阶层。

5.3.3　视差回归

为了提高预测精度，采用 Softmax 激活函数沿着视差维度计算代价体在每个视差值 d 上的像素相似性。通过对每个视差值 d 相对应的相似性进行求和操作获得预测视差。同文献[109]的计算方法，表示为：

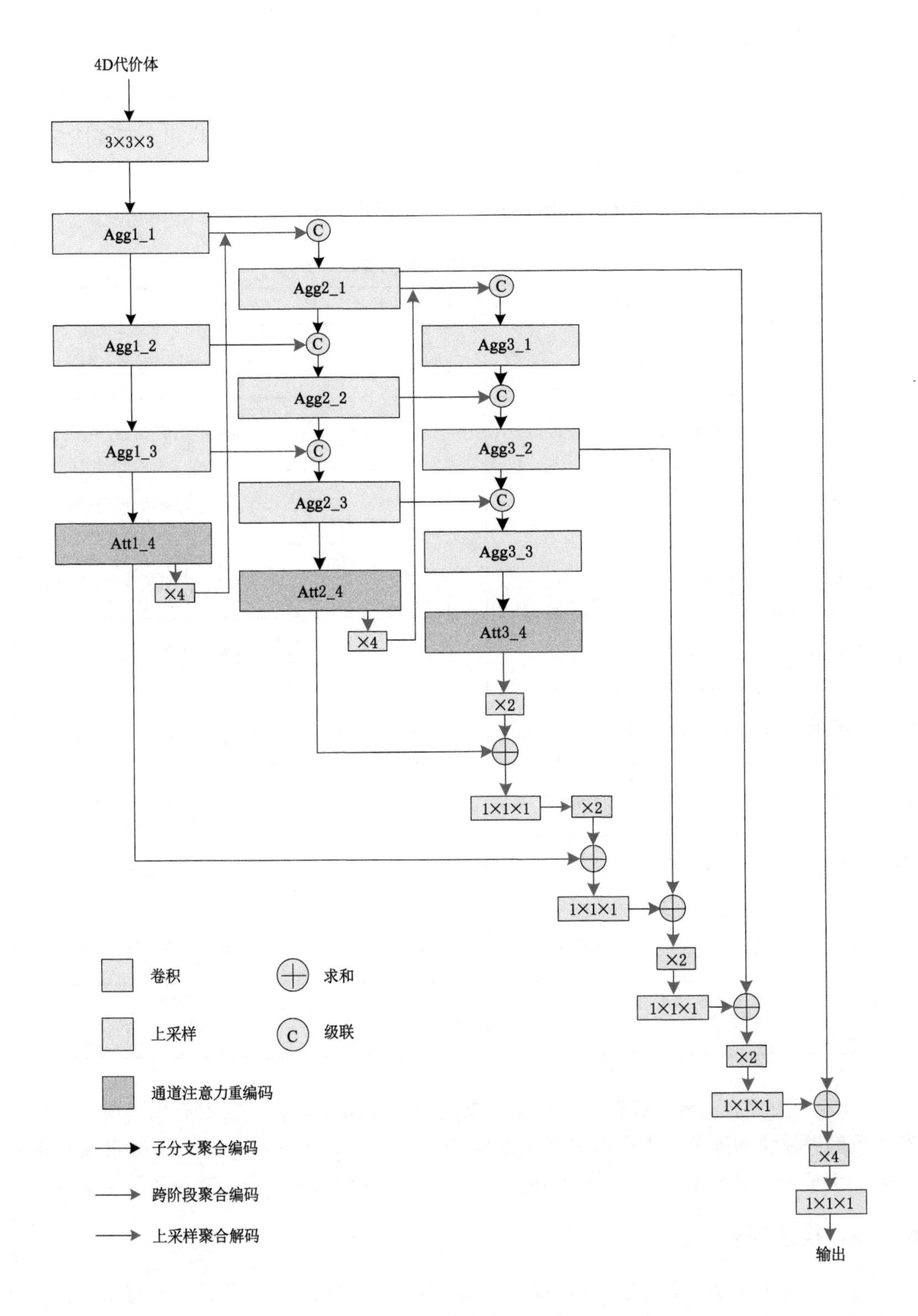

图 5-7　代价聚合网络框架示意图

$$\hat{d}(h,w)=\sum_{d=0}^{D} d\times\sigma[-\boldsymbol{C}_{\mathrm{d}}(d,h,w)] \tag{5-7}$$

式中 C_{d}——最终输出的代价体；

$\hat{d}$——预测视差值。

4.3.3 节中采用的 L_1 损失函数如式(4-13)所示，具有有折点、不光滑和不稳定的缺点；L_2 损失函数用于最小化目标值与估计值之间差值的平方和，具有对离群点和异常值敏感、训练时容易跑飞的缺点，定义为：

$$l_2(\hat{d},\hat{g})=\sum_{i=0}^{N}(\hat{d}_i-\hat{g}_i)^2 \tag{5-8}$$

式中 N——图像中像素总数；

$\hat{g}$——基准视差值。

平滑 L_1 损失[175]克服了 L_1 损失和 L_2 损失的缺点，具有收敛速度快、对异常值不敏感、鲁棒性强等优点。因此，本章采用平滑 L_1 损失函数，并将其定义为：

$$l_1(\hat{d},\hat{g})=\frac{1}{N}\sum_{i=1}^{N}\mathrm{smooth}_{L_1}(\hat{d}_i-\hat{g}_i) \tag{5-9}$$

式中 $\mathrm{smooth}_{L_1}(x)=\begin{cases}0.5x^2 & |x|<1\\ |x|-0.5 & \text{其他}\end{cases}$。

5.4 实验结果分析与讨论

本节在 Scene Flow 和 KITTI 2015 两个立体数据集上进行了一系列的消融实验，来评估本章所提出的代价聚合网络在视差预测精度及计算时间上的优越性。除此之外，将本章提出的算法与其他立体匹配算法进行定量和定性比较，进一步验证所提出的网络的有效性。实验评估指标采用 4.4.1.3 节中提出的欧式距离计算方法。

5.4.1 实验设置

5.4.1.1 参数设置

本节采用 Adam 优化器对所提出的网络进行优化，其中，$\beta_1=0.9$，$\beta_2=0.999$。在单个 GeForce RTX 2080Ti 上训练网络，设置训练批次为 1。在训练之前，将输入图像随机裁剪成分辨率为 256×512 的图像块，并将像素强度归一化至－1 到 1 之间。所提出的一系列网络均由 PyTorch 实现。

5.4.1.2 数据集

(1) Scene Flow 数据集

Scene Flow 数据集在 4.4.1 节中已经详细介绍，此处不再赘述。学习率与第 4 章一样，设置为 0.001。训练 Scene Flow 数据集大约达 150 000 次迭代，共花费 48 h。

(2) KITTI 2015 数据集

KITTI 2015 数据集为 2.4.1 节中 KITTI 数据集中的一种，类似于 KITTI 2012 数据集，共包含 160 对训练图像、40 对验证图像和 200 对测试图像。微调过程与 4.4.1 节中

KITTI 2012 数据集的微调过程相同，分别减小学习率和迭代次数至 0.000 01 和 10 000。网络微调共需约 16 h，相比网络预训练的时间大大缩短。

对于 KITTI 2015 数据集，计算非遮挡(Noc)和所有(All)像素中背景、前景和所有区域中的错误像素和平均终点误差的百分比。与 4.4.1.3 节中提出的一样，采用终点误差 EPE 作为评价指标以评价所提出的网络，即通过二维空间欧氏距离公式计算视差估计值与基准视差值之间的欧几里得平均绝对距离。另外，评价指标 D_1 表示以左图为参考图像预测的视差错误像素百分比。

5.4.2 模型的消融实验分析

本节定量分析注意力聚合编解码网络的各种变体。考虑代价体的编码操作会导致图像下采样的次数有限，消融实验中设置子分支流数最大为 3。此外，为了更好地验证所提出的方法的性能，将本章提出的算法与其他典型的代价聚合算法(诸如文献[129]和文献[172]提出的算法)进行比较，除此之外，也与其他 3D 注意力模块[176]进行了比较，比较结果如表 5-3 所示。如果没有结合重编码模块，则只输出子分支流最后一层的特征，否则与重编码的特征一起输出。

表 5-3 不同设置下所提出的网络的比较结果

网络设置	KITTI 2015	Scene Flow
	3PE/%	EPE/px
Sub-branch×1	2.57	1.48
Sub-branch×2	2.45	1.32
Sub-branch×3	2.42	1.28
Sub-net×2+Cross-stage×2	2.39	1.23
Sub-branch×3+Cross-stage×2	2.28	1.09
Sub-branch×3+Cross-stage×3	2.17	0.89
Sub-net×2+Cross-stage×2+Recording+Stepwise	2.34	1.16
Sub-net×3+Cross-stage×2+Recording+Stepwise	2.22	0.92
Sub-branch×3+Cross-stage×3+Recording+Stepwise	2.14	0.86
Sub-branch×3+Cross-stage×3+Recording[176]+Stepwise	2.17	0.90
Single Encoder-decoder Structure[129]	2.61	1.35
Stacked Encoder-decoder Structure[172]	2.21	0.92

表 5-3 中的×1、×2、×3 分别表示利用子分支或者跨阶层特征的次数，数值越大，则利用的次数越多。从表 5-3 中可以看出，利用网络视差预测精度与利用子分支或者跨阶层特征的次数呈正相关关系，起到了积极的作用，从而得出，聚合编码网络通过多次重复利用子分支和跨阶层特征，可以更好地丰富上下文语义信息。在使用 3D 注意力重编码模块之后，3D 注意力重编码模块可以对多次集成的特征进行重编码，可以有效地引导 4D 代价体的聚

合,使提取的代价体特征具有更强的鲁棒性和显著性,其视差预测精度高于文献[176]的结果。逐阶层聚合解码模块通过连接各分支的重编码代价体和第一阶层的低级代价体,增强了特征提取和代价聚合之间的联系,提高了网络预测视差的能力。通过组合所有模块,KITTI 2015 验证集上的 3PE 和 Scene Flow 验证集上的 EPE 均达到最小值,分别为 2.14%和 0.86 px。子分支和跨阶层聚合编码模块可以在整个网络中对特征信息进行多次编码和集成,有效地弥补了代价聚合过程中语义信息和结构细节之间的鸿沟,进一步提高了网络聚合的能力。此外,还证明了该网络的代价聚合能力相比常用的单一编解码的代价聚合方法具有卓越的优势,同时相比精度很高的堆叠编解码的方法也具有优越性。

5.4.3 网络模型的实验分析

5.4.3.1 KITTI 2015 数据集上的实验分析

在 KITTI 2015 基准数据集中,将本章提出的网络和其他端到端视差估计网络,诸如 Content-CNN[130]、SegStereo[168]、GC-Net[129]、PSMNet[109]、Gwc-Net[172]、NLCA-Net[175] 和 DTF_SENSE[177],进行性能的定量评估比较,如表 5-4 所示。其中,"All pixels"表示所有区域的像素,"Noc-occluded pixels"表示仅非遮挡区域的像素,在此基础上,分别在所有像素和非遮挡像素的背景区域(bg)、前景区域(fg)和所有区域内(all)计算评价指标 D_1 值。

表 5-4 KITTI 2015 数据集上的性能比较

算法	All pixels/%			Non-occluded pixels/%			Time/s
	bg	fg	all	bg	fg	all	
Content-CNN[130]	3.73	8.58	4.54	3.32	7.44	4.00	1.00
SegStereo[168]	1.88	4.07	2.25	1.76	3.70	2.08	0.60
GC-Net[129]	2.21	6.16	2.87	2.02	5.58	2.61	0.90
PSMNet[109]	1.86	4.62	2.32	1.71	4.31	2.14	0.41
Gwc-Net[172]	1.74	3.93	2.11	1.61	3.49	1.92	0.32
NLCA-Net[175]	1.53	4.09	1.96	1.39	3.80	1.79	0.60
DTF_SENSE[177]	2.09	3.13	2.25	1.92	2.92	2.09	0.76
本章方法	1.76	3.85	2.09	1.60	3.41	1.89	0.28

从表 5-4 中可以看出,与其他网络相比,本章所提出的网络在所有像素和非遮挡像素的区域均获得了相对较好的计算精度,分别为 2.09%和 1.89%。相比在所有区域中计算精度最高的 NLCA-Net[175],仅分别增加了 0.03%和 0.10%,但是计算时间缩短了 0.32 s。此外,与采用 3D 编解码结构的立体匹配网络 GC-Net[129]、PSMNet[109] 和 Gwc-Net[172] 相比,本章算法运行时间最短。这表明本章算法能够利用较少的时间实现所有像素中的视差预测,在整体视差预测和运行时间方面均具有优越的性能。

在 KITTI 2015 基准数据集中,定性分析结果如图 5-8 所示。从左到右依次为左图像、Gwc-Net 预测的视差图和本章方法预测的视差图。从图 5-8 中可以观察到,在近处的窗口位置，使用本章所提出的网络得到的结果图中，轮廓及其边缘更加清晰直观明了。此外，在远处的柱子附近，本章算法预测的结果比使用 Gwc-Net 得到的结果更加准确，匹配效果更好，且保留了对象的显著信息，例如树干和电线杆的边缘区域。这也说明 3D 注意力聚合编解码网络在匹配代价聚合方面能够提取更全面有效的特征，降低匹配误差，表现出了优越的性能。

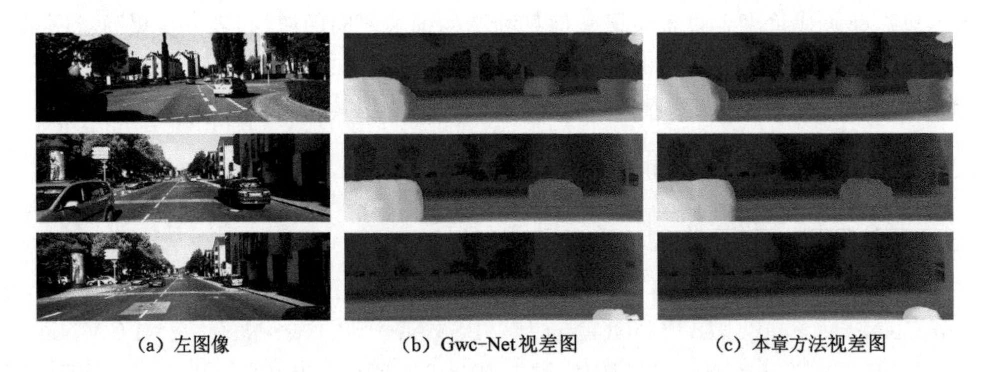

(a) 左图像　　(b) Gwc-Net视差图　　(c) 本章方法视差图

图 5-8　KITTI 2015 数据集视差估计结果

5.4.3.2　Scene Flow 数据集上的实验分析

为进一步验证算法有效性，在 Scene Flow 数据集上将本章算法与基于深度学习的其他端到端视差计算网络进行了比较，包括 DispNetC、GC-Net、CRL、SegStereo、PSMNet 和 Gwc-Net。定量评估结果如表 5-5 所示。

表 5-5　Scene Flow 数据集上的性能比较

算法	1PE/%	3PE/%	5PE/%	EPE/px	Time/s
DispNetC[123]	19.4	11.2	9.1	1.46	0.13
GC-Net[129]	16.4	9.2	6.8	1.35	0.95
CRL[124]	15.9	8.2	6.5	1.29	0.62
SegStereo[168]	15.7	7.8	6.1	1.27	0.79
PSMNet[109]	15.1	7.2	5.2	0.98	0.51
Gwc-Net[172]	14.7	6.9	4.8	0.92	0.47
本章方法	14.4	6.7	4.3	0.86	0.45

由表 5-5 可知，通过本章算法计算得到的 1PE、3PE、5PE 和 EPE 值均低于其他 6 种基于深度学习的立体匹配算法。其中，本章算法与性能最高的 Gwc-Net[172] 相比，EPE 值降低了0.06 px，时间减少了 0.02 s；与性能第二高的 PSMNet 相比，EPE 值降低了 0.12 px，时间减少了 0.06 s；与运行时间最短的 DispNetC 相比，本章算法运行时间略有增加，但是计算精度提高显著，如 EPE 值减小了 0.6 px。结果表明，本章提出的代价聚合网络在略微减少计算时间的情况下，仍可以进一步提高匹配代价聚合能力，从而获得精确的视差预测值。

本节在 Scene Flow 验证集上对基于注意力聚合编解码网络的立体匹配计算结果图进行了主观性能分析。视差预测结果如图 5-9 所示，从左到右依次为左图像、基准视差图和本章方法预测的视差图。

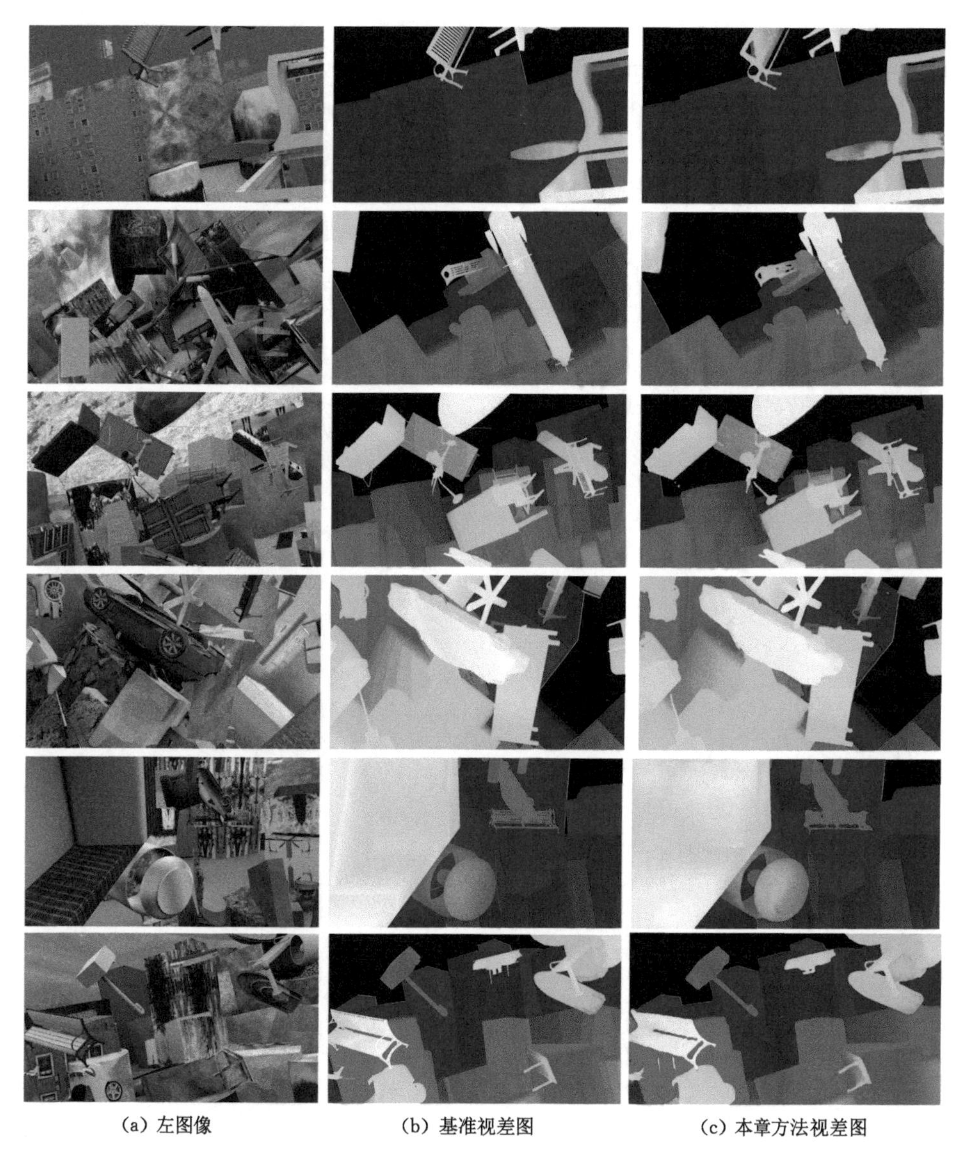

图 5-9 在 Scene Flow 数据集上的视差预测结果

通过与图 5-9 中基准视差图的对比，可以更直观地观察到，对于不规则边缘和复杂纹理区域，预测视差图像具有较详细和精确的视差纹理，证明了聚合编码模块中多子分支流之间与内部的多次融合交流对预测精度起到了正向的积极辅助作用，而且聚合解码模块也对编码模块计算得到的信息进一步整合。此外，三维注意力重编码的附加也对高层信息进行了有效的判别，能够更有效地提取不同对象的显著变化特征，增强了信息的鲁棒性。综合这 3 个模块，进一步验证了本章提出的匹配代价聚合网络能够提高网络的学习推理能力，对于整个立体匹配任务的重要性。

5.5 本章小结

本章提出了用于立体匹配的3D注意力聚合编解码代价聚合网络框架，主要包括子分支和跨阶层聚合编码模块、三维注意力重编码模块和逐阶层聚合解码模块。子分支和跨阶层聚合编码模块可以在整个网络中对特征信息进行多次编码和集成，有效地弥补了在代价聚合过程中语义信息和结构细节之间的鸿沟，进一步提高了网络聚合的能力。3D注意力重编码模块可以对多次集成的特征进行重编码，有效地引导4D代价体的聚合，使提取的代价体特征具有更强的鲁棒性和显著性。逐阶层聚合解码模块通过连接各分支的重编码代价体和第一阶层的低级代价体，增强了特征提取和代价聚合之间的联系，提高了网络预测视差的能力。在Scene Flow基准数据集上的实验结果表明，本章算法相比GC-Net，在时间缩短0.5 s时EPE值减小了0.49 px，且对视差图的预测更为完整细致，证明了3D注意力聚合编解码网络具有卓越的代价聚合性能。

6 一种双引导式立体视差估计网络

6.1 引　言

针对匹配代价的计算复杂度和预测精度之间的相互制约问题，本章提出一种基于引导代价体和引导编解码结构的双引导式立体视差估计网络。在引导代价体中，采用串联和级联操作以互补方式组合，并在接下来的代价聚合过程中，通过级联特征引导串联特征更快速地聚合代价体。此外，在利用 3D 编解码结构构建代价聚合的基础上，增加基于池化操作的 2D 编解码结构，以少量计算代价引导和校正误匹配值。结合平滑 L_1 损失和 SSIM 损失构建混合损失函数，从而可以反向传播多种类型误差值。实验结果证明，该方法减小了参数数量和推理计算代价，提高了网络模型匹配精度。

6.2 网络结构

整体立体匹配网络如图 6-1 所示。首先，采用残差网络[109]提取左右特征图，用于构建引导代价体。然后，将代价体输入引导编解码结构中，执行 3D 卷积和 2D 池化操作。最后，计算预测视差图和真实视差图之间的混合损失训练整体网络，得到最终预测视差图。

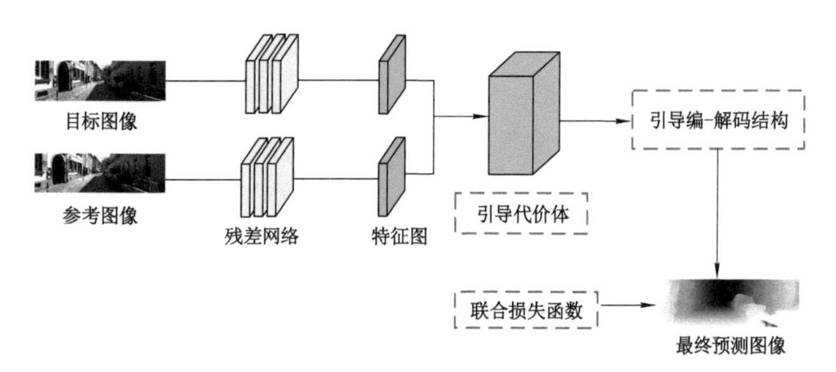

图 6-1　整体立体匹配网络示意图

6.2.1 引导代价体的构建

匹配代价可通过串联或级联操作来计算。然而，通过内积运算的串联操作会损失大量信息，级联运算会造成 3D 聚合网络中存在大量计算参数。因此，本章提出通过级联和串联相结合的方式构建引导代价体。通过级联这两类特征获得的语义信息为随后的代价计算网络提供了良好的信息。引导代价体的构建如图 6-2 所示，包括一个分组操作、两个级联操作和一个串联操作。

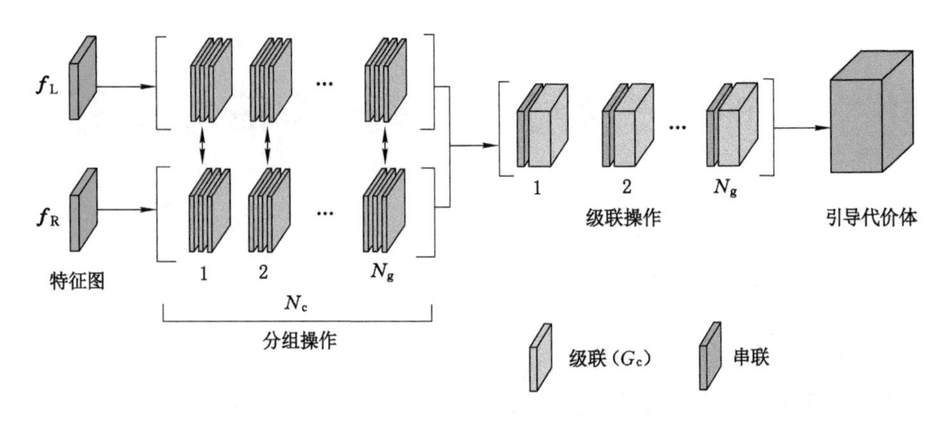

图 6-2　引导代价体的构建示意图

将残差网络计算的左右特征沿通道维度分组，然后通过逐组计算得到相关图像。左右两个特征图 $\boldsymbol{f}_L$ 和 $\boldsymbol{f}_R$ 的尺寸均为$[1,H/4,W/4,N_c]$，N_c 是特征映射的通道数。沿着通道维度划分通道为 N_g 组，每一个特征组包含 N_c/N_g 通道数。对于每个特征组内的 N_c/N_g 通道特征，通过在所有视差级别上的点积运算来获得多组相似性度量函数。通过相似性度量获得每组特征图，尺寸为$[D/4,H/4,W/4,1]$。特征图的最大视差表示为 $D/4$。当 $N_g=1$ 时，相似性度量函数是一个完全相关函数。相似性度量函数如式(6-1)所示：

$$C_{\mathrm{corr}}(d,x,y,1)=\frac{1}{N_c/N_g}\langle \boldsymbol{f}_L^{N_g}(x,y),\boldsymbol{f}_R^{N_g}(x-d,y)\rangle \tag{6-1}$$

式中　$\langle \cdot,\cdot \rangle$——两个特征向量的内积。

除了串联计算之外，还级联每组中的特征。通过对每组的 G_c 个特征进行级联运算获得每组 $2G_c$ 个通道的级联代价体。

$$C_{\mathrm{con}}(d,x,y,2G_c)=\mathrm{Concat}\{\boldsymbol{f}_L^{G_c}(x,y),\boldsymbol{f}_R^{G_c}(x-d,y)\} \tag{6-2}$$

将级联特征和串联特征的 N_g 个集合级联并封装到 4D 代价体中。通过级联得到的语义信息可以引导每一组的串联特征。

$$C(d,x,y,\cdot)=\mathrm{Concat}\{C_{\mathrm{corr}}(d,x,y,N_g),C_{\mathrm{con}}(d,x,y,2G_cN_g)\} \tag{6-3}$$

构建的引导代价体包含丰富的相关信息和语义信息，然后将代价体输入下一个网络中进行代价聚合。引导代价体提供了特征相似性的有效表示，避免由于串联操作造成的信息丢失，同时大大减少了代价体的通道数量。

6.2.2　引导编解码结构

在计算得到引导代价体后，本章提出引导编解码结构，以获得更多的上下文信息并校正网络中的误匹配值。引导编解码结构如图 6-3 所示。引导编解码结构包括 2D 和 3D 两种编解码方式。其中，3D 卷积结构可以沿着视差维度和空间维度聚合特征信息，2D 卷积结构可以校正 3D 卷积结构获得的不匹配值。

在 3D 编解码结构中，编码过程由 4 个子采样单元组成，每个子采样单元包括 3 个

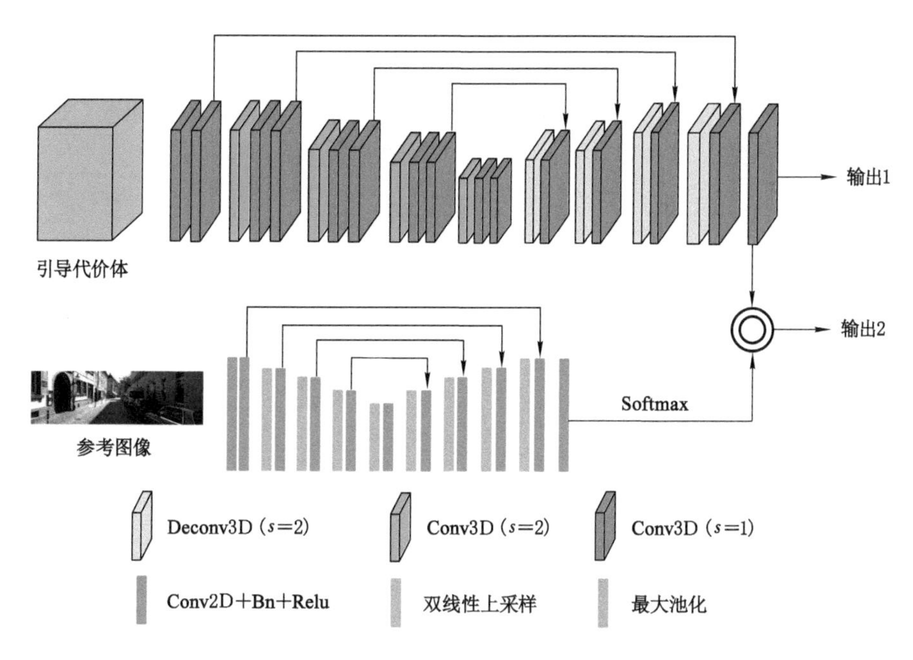

图 6-3　引导编解码结构示意图

3×3×3 的 3D 卷积，第一个卷积层的卷积核步长为 2×2×2。在编码器中对代价体进行了 4 次子采样，因此在解码器中同样使用步长为 2×2×2 的 4 个上采样单元进行双线性插值，并且添加编码器中相同分辨率的对应特征图。视差预测图像需要与左右输入图像的分辨率相同，因此 3D 特征图的尺寸恢复为 $H\times W\times D$。

2D 编解码结构类似于 3D 编解码结构，但操作更简单、更快。首先，对左图像进行有 3 个下采样单元的 2D 编解码操作，每个下采样单元都含有最大池化操作。每步有 64 个卷积核，尺寸为 3×3，步长为 1。然后，采用双线性插值方法执行 3 次上采样操作，得到与 3D 编解码结构相同尺寸的特征映射。

通过 3D 编解码结构和 2D 编解码结构获得的特征图分别经过 1×1×1 和 1×1 卷积运算。然后，采用 Softmax 激活函数沿着 N 维度将两者转换为 $H\times W\times N$ 和 $D\times H\times W\times N$ 尺寸的概率值映射（N 的值设为 3，表示要校正的不匹配值数量）。

两个概率值映射 P_3 和 P_2 分别从 3D 编码器解码器结构和 2D 编码器解码器结构获得。P_3 和 P_2 通过矩阵乘法进行融合。最终的匹配代价值 P_d 可以通过沿着 N[178] 的维度的最大函数来获得。

$$P_d(d,h,w)=\max\{P_3(d,h,w,n)\times P_2(h,w,n)\}\quad n\leqslant N \tag{6-4}$$

6.2.3　混合损失函数

为了提高预测精度并增强视差预测图和真值图之间的结构相似性，构造混合损失函数并应用于端到端视差估计网络。

采用 Softmax 激活函数沿着视差维度计算预测代价 P_d，得到每个视差 d 的概率值。通过求和每个视差值 d 相对应的概率值 P_d 得到预测视差 $\hat{d}$。与网络[129]采用的激活函数一致：

$$\hat{d}(h,w)=\sum_{d=0}^{D_{\max}} d\times\sigma[-P_{\mathrm{d}}(d,h,w)] \tag{6-5}$$

平滑 L_1 损失具有收敛速度快、对异常值不敏感、鲁棒性强等优点。因此，使用平滑 L_1 损失作为混合损失函数的基函数。平滑 L_1 损失函数定义为：

$$l_1(\hat{d},\hat{g})=\frac{1}{N}\sum_{i=1}^{N}\mathrm{smooth}_{L_1}(\hat{d}_i-\hat{g}_i) \tag{6-6}$$

其中，

$$\mathrm{smooth}_{L_1}(x)=\begin{cases}0.5x^2 & |x|<1\\ |x|-0.5 & \text{其他}\end{cases} \tag{6-7}$$

式中 N——像素总数；

$\hat{g}$——视差真值。

平滑 L_1 损失函数是基于像素进行损失计算的，不考虑像素的邻域。由于前景和背景像素的权重相等，此损失函数有助于图像上所有像素的收敛。此外，由于残差网络和编解码结构中均含有跳跃连接，输入图像的纹理特征可以在最终输出时保留，SSIM 损失计算是在平滑 L_1 损失基础上添加的，以惩罚边缘区域中的误差。

SSIM 是一种基于图像块的测量方法，考虑了每个像素的局部邻域，并在边界附近分配了更高的权重和更高的损失[179]。因此，集成 SSIM 损失到训练损失中，增加图像块级别的结构相似性计算，更有效惩罚边缘区域的误差。设 $P=\{x_j:j=1,\cdots,S^2\}$ 和 $G=\{y_j:j=1,\cdots,S^2\}$ 分别是从预测视差图和真值视差图中裁剪的两个对应图像块（$S\times S$）的像素值。SSIM 损失为：

$$l_{\mathrm{ssim}}=1-\frac{(2\mu_x\mu_y+K_1)(2\sigma_{xy}+K_2)}{(\mu_x^2+\mu_y^2+K_1)(\sigma_x^2+\sigma_y^2+K_2)} \tag{6-8}$$

式中 μ_x,σ_x——P 的平均值和标准差；

μ_y,σ_y——G 的平均值与标准差；

σ_{xy}——协方差；

K_1,K_2——$K_1=0.01^2,K_2=0.03^2$，用于避免除以零的计算。

通过加权求和构造混合损失函数，训练本章提出的立体匹配网络。

$$\mathrm{loss}=\lambda_1 l_1+\lambda_2 l_{\mathrm{ssim}} \tag{6-9}$$

式中 λ_1,λ_2——系数，取值 1 和 0.6；

l_1——真值和预测视差之间的损失值。

6.3 实验结果分析与讨论

本节使用 Scene Flow 数据集[123]，用于消融实验以及定性和定量分析。测试数据没有真值图，因此对验证数据进行消融实验和定量评估，仅对测试数据进行定性评估。用于训练、验证和测试的图像对数量分别为 28 364、7 090 和 4 370。图像分辨率为 960×540，最大视差 D 为 192。在训练之前，将输入图像随机裁剪为 256×512 的图像块，归一化像素强度设置于 -1 到 1 之间，批次大小设置为 1。本章所提出的网络使用 TensorFlow 编程实现，并使用 Adam 优化器，其中参数 $\beta_1=0.9,\beta_2=0.999$，学习率设置为 0.001。Scene Flow 数据集在单个 GeForce RTX 2080Ti 上训练大约 150 000 次迭代周期，耗时 48 h。

6.3.1　消融实验

消融实验研究主要包括引导代价体、引导编解码结构和立体匹配整体网络 3 个方面。在 Scene Flow 验证集上，使用端点误差（EPE）作为评价指标，通过欧几里得距离表示视差估计值与视差真值之间的平均绝对距离。此外，选择 1PE、3PE 和 5PE 进行准确性分析。这 3 个评估参数是大于 1 像素、3 像素和 5 像素的 EPE 百分比。还使用 EPE 的最大值（MAX）和均方根（RMS）以及计算时间进行评估。

6.3.1.1　引导代价体消融研究

针对本章提出的引导代价体进行消融研究。引导代价体在不同设置下的验证集比较结果如表 6-1 所示。

表 6-1　引导代价体在不同设置下的比较结果

N_g			G_c				1PE/%	3PE/%	5PE/%	EPE/px	Time/s
10	20	40	1	2	4	8					
✓			✓				17.8	10.6	7.8	1.38	0.21
✓				✓			17.4	10.5	7.5	1.41	0.28
✓					✓		17.1	10.3	7.2	1.43	0.39
✓						✓	16.7	9.1	6.8	1.40	0.73
	✓		✓				16.3	8.4	6.5	1.26	0.31
	✓			✓			15.9	8.2	5.9	1.23	0.41
	✓				✓		15.8	8.0	5.7	1.20	0.75
		✓	✓				16.2	8.1	6.3	1.25	0.45
		✓		✓			15.2	7.8	5.3	1.18	0.80

为了实现结果的有效分析，将特征通道分为 10 组、20 组和 40 组，并在实验中采用每组不同数量的级联通道。当分组数为 10 时，选择每组特征通道的数量为 1、2、4 和 8；当分组数为 20 时，选择每组特征通道的数量为 1、2 和 4；当分组数为 40 时，选择每组特征通道的数量为 1 和 2。✓表示所选组数以及每组中所选特征通道数。在默认情况下，使用基础编解码结构和平滑 L_1 损失函数。从表 6-1 中可以看出，在相同 G_c 的情况下，匹配精度随着组数量 N_g 的增加而提高。当组数 N_g 相同时，每组中的级联数越多，匹配精度越高，运行时间也越长。因此，本章将精度与运行时间相结合，将组数设置为 20，并将每组的级联通道数设置为 2。

6.3.1.2　引导编解码结构消融研究

本节通过消融研究评估所提出的引导编解码结构的有效性。2D 编解码结构的下采样次数简写为 N_{ds}，分别设置为 3 和 5。此外，增加单一[129]和堆叠[109]编解码结构，与所提出的代价聚合网络进行比较。表 6-2 展示了编解码结构在不同参数和不同结构设置下的比较结果。在默认情况下，使用级联代价体和平滑 L_1 损失函数。从表 6-2 中可以看出，与单一编解码结构相比，使用堆叠编解码构造的网络预测精度高的同时会消耗计算时间。本章提出的引导编解码结构可以在更短的时间内实现更高的预测精度。

表 6-2　编解码结构在不同设置下的比较结果

编解码结构	N_{ds}	EPE/px	Time/s
单一编解码结构[129]	—	1.35	0.95
堆叠编解码结构[109]	—	1.17	1.25
引导编解码结构	3	1.33	0.97
	5	1.41	1.12

6.3.1.3　立体匹配网络消融研究

本节采用消融实验评估所提出的方法中每个模块的有效性。表 6-3 显示了整个立体匹配网络在不同设置下的性能，包括引导代价体或级联代价体、引导或单个编解码结构、混合损失函数或平滑 L_1 损失函数。从表 6-3 中可以看出，与级联代价体相比，使用引导代价体降低了 EPE 值，并且运行时间显著缩短了 0.45 s。由于使用了引导代价体，三维代价计算网络的计算效率大大提高。无论是与级联代价体还是与引导代价体相结合，引导编解码结构都比基础编解码结构具有更小的误差百分比。尽管误差减少幅值很小，但在不显著增加计算时间的情况下，结合混合损失函数获得的 EPE 值可被进一步减小。因此，本章提出的网络性能明显优于具有不同设置的其他网络。

表 6-3　不同设置下 Scene Flow 验证集的对比结果

级联代价体	引导代价体	引导编解码结构	混合损失函数	1PE/%	3PE/%	5PE/%	EPE/px	Time/s
✓		✓		16.3	9.0	6.7	1.33	0.97
✓		✓	✓	16.2	8.7	6.5	1.30	0.98
	✓			15.9	8.2	5.9	1.23	0.40
	✓	✓		15.8	8.0	5.8	1.22	0.41
	✓	✓	✓	15.5	7.7	5.5	1.18	0.43

6.3.2　定量分析

将本章所提出的网络与其他使用深度学习表示计算代价的网络进行比较，包括 MC-CNN[115]、Content-CNN[130]。此外，也与使用深度学习直接计算视差的网络进行了比较，如 GC-NET[129]、DispNetC[123]、CRL[124]、SegStereo[168] 和 PSMNet[109]。表 6-4 列出了它们的性能，包括 EPE、计算时间等。

表 6-4　深度学习方法的比较结果

方法	1PE/%	3PE/%	5PE/%	EPE/px	Time/s
MC-CNN[115]	17.5	10.3	8.4	1.30	58.00
Content-CNN[130]	18.9	10.7	8.6	1.41	1.20

表 6-4(续)

方法	1PE/%	3PE/%	5PE/%	EPE/px	Time/s
DispNetC[123]	19.4	11.2	9.1	1.46	0.13
GC-NET[129]	16.4	9.2	6.8	1.35	0.95
CRL[124]	15.9	8.2	6.5	1.29	0.62
SegStereo[168]	15.7	7.8	6.1	1.27	0.79
PSMNet[109]	15.1	7.2	5.2	0.98	0.51
本章方法	15.5	7.7	5.5	1.18	0.43

与 MC-CNN 和 Content-CNN 相比，本章方法是最快的，并且获得了更精确的视差预测值。此外，与直接计算视差的网络相比，本章方法获得了第二高的精度。PSMNet 的准确度比本章方法高出约 5%，同时计算所需时间增加了 15.7%。

6.3.3 定性分析

在 Scene Flow 基准验证集上分析定性结果。左图像、真值图和预测视差图如图 6-4 所示。通过比较验证集的真实视差图，可以更直观地分析预测视差图的效果。图 6-5 显示了训练数据集的部分结果，将所提出的方法与几个现有方法进行了比较，包括 DispNetC[123]、Content-CNN[130] 和 PSMNet[109]。结果表明，与 DispNetC 和 Content-CNN 相比，本章方法可以获得更好的不规则边缘和复杂纹理区域的预测视差图。

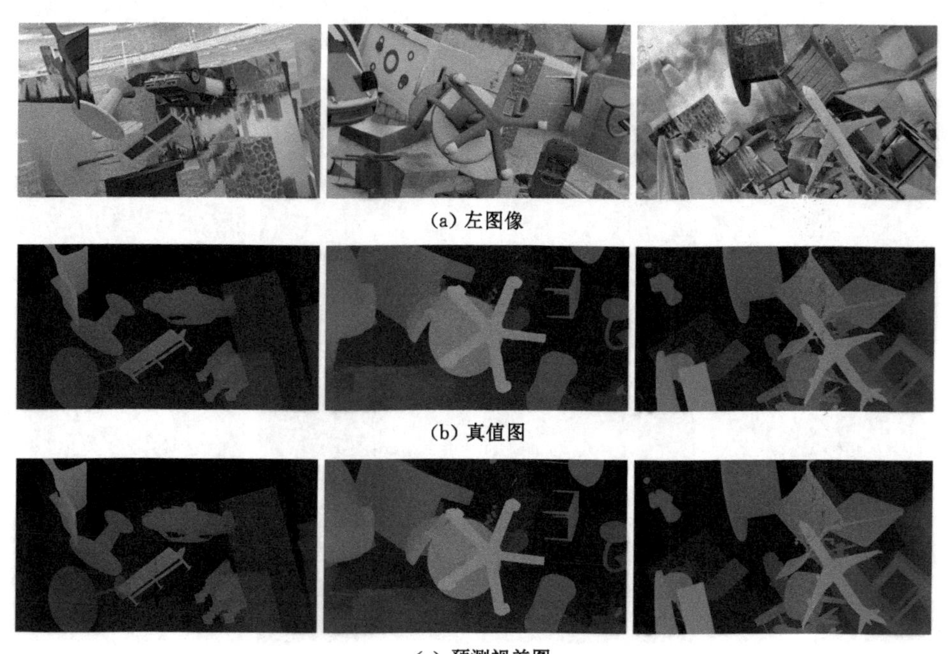

(a) 左图像

(b) 真值图

(c) 预测视差图

图 6-4　Scene Flow 基准验证集的定性结果

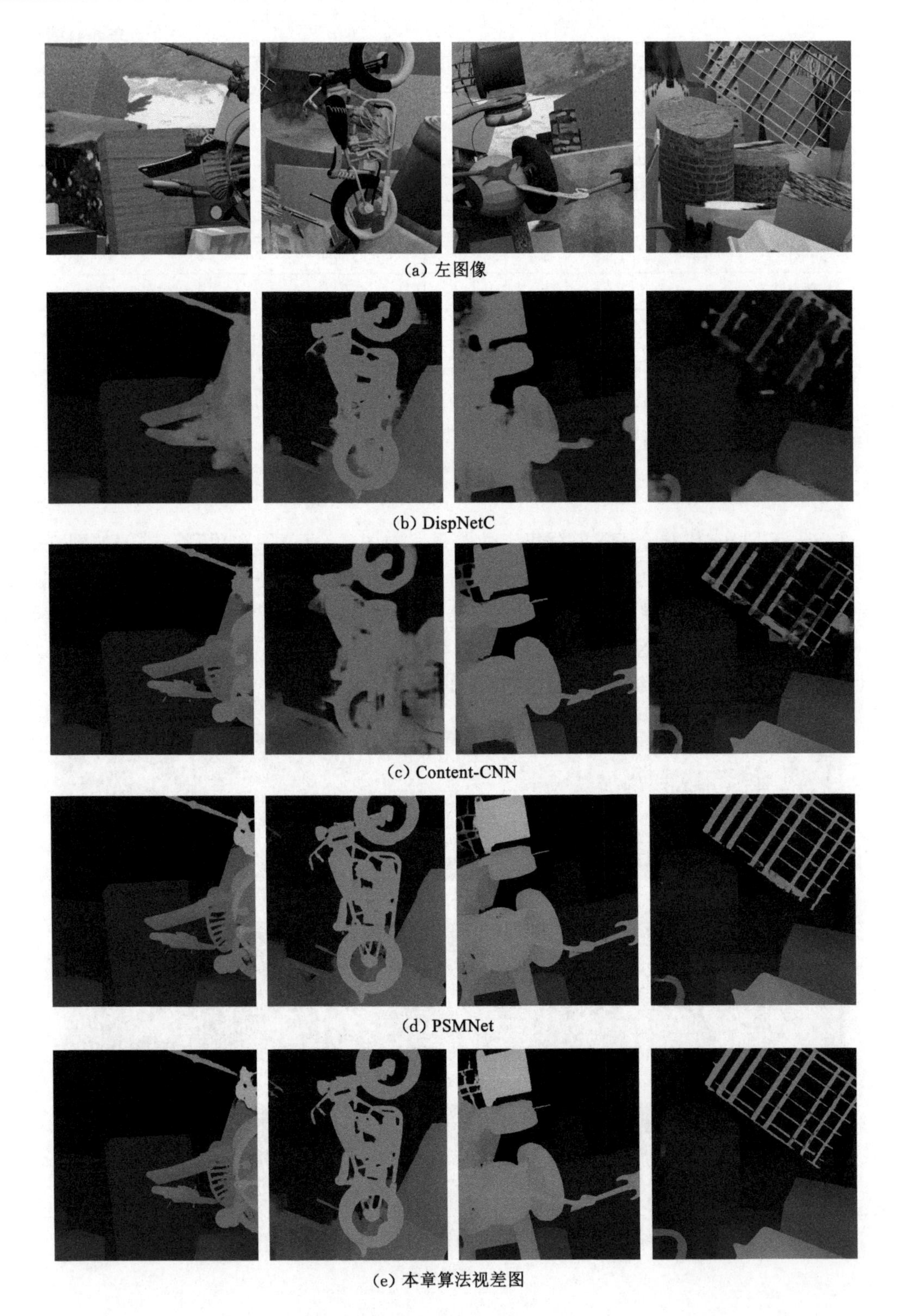

(a) 左图像

(b) DispNetC

(c) Content-CNN

(d) PSMNet

(e) 本章算法视差图

图 6-5　Scene Flow 基准的定性结果

6.4 本章小结

在本章中，笔者提出了一种双引导式立体匹配网络，以有效地平衡计算复杂性和预测精度。结合相关计算和级联操作的优势，采用分组形式构建引导代价体，减少了后续网络计算的参数。结合 2D 池化和 3D 卷积运算，改进编解码结构，有效地引导匹配值和实现更快的视差估计。基于平滑的 L_1 损失计算，增加了 SSIM 损失，用于构建混合损失函数，以补偿图像边缘区域中的误差。在 Scene Flow 数据集和 KITTI 数据集上的实验表明，该模型在显著缩短运行时间的同时，提高了匹配精度。

7 多维注意力特征聚合立体匹配算法

7.1 引　言

针对现有基于深度学习的立体匹配算法在学习推理过程中缺乏有效信息交互的问题，本章提出一种多维注意力特征聚合立体匹配算法，以多模块及多层级的嵌入方式协同两种不同维度的注意力单元。在设计2D注意力残差模块时，通过在原始残差网络中引入无降维自适应2D通道注意力，局部跨通道交互并提取显著信息，为匹配代价计算提供丰富有效的特征。提出3D注意力沙漏聚合模块，以堆叠沙漏结构为骨干设计双重池化3D注意力单元，捕获多尺度几何上下文信息，进一步扩展多维注意力机制，自适应聚合和重新校准来自不同网络深度的代价体。2D注意力和3D注意力之间相辅相成，对整个网络的权重修正、误差回传都起到了积极的作用。在三大标准数据集上进行评估，并与相关算法对比，实验结果表明，所提出的算法具有更高的预测视差精度，且在无遮挡的显著对象上效果更佳。

7.2 网络结构

所提出的算法主要包括2D注意力残差模块、联合代价体和3D注意力沙漏聚合模块。算法网络结构如图7-1所示。2D注意力残差模块对输入左图 $\boldsymbol{I}_{\mathrm{L}}$ 和右图 $\boldsymbol{I}_{\mathrm{R}}$ 进行特征提取，将提取的特征用于构建联合代价体，采用3D注意力沙漏聚合模块计算匹配代价，最终通过视差回归函数输出预测视差。

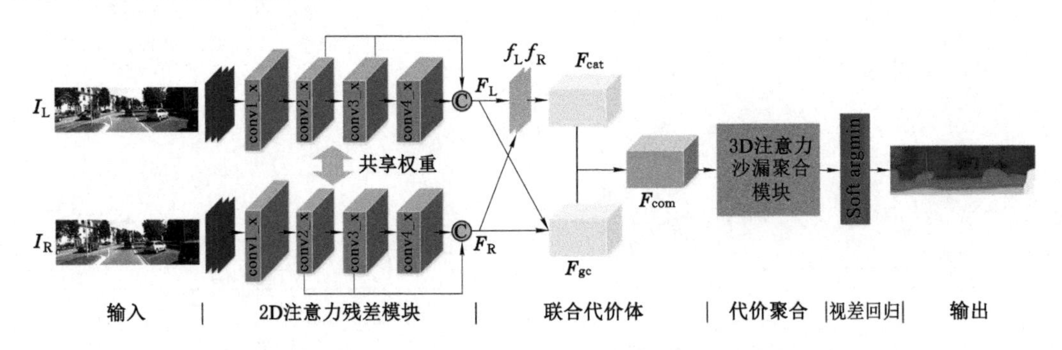

图7-1　算法网络结构示意图

7.2.1 2D注意力残差模块

为保留网络的低级结构特征以提取左右图像的细节信息，首先构建3个小尺寸的3×3

滤波器获取浅层特征，输出特征图尺寸为 $H/2\times W/2\times 32$。然后，采用基本残差块 conv1_x、conv2_x、conv3_x 和 conv4_x 逐像素提取深层语义信息。其中，conv1_x、conv2_x、conv3_x 和 conv4_x 包含的基本残差单元个数分别为 3、16、3 和 3。每个残差单元由两个 3×3 卷积、BN 层和 ReLU 层组成[109]。级联 conv2_x、conv3_x 和 conv4_x，融合低级结构信息和高级语义信息，构建尺寸为 $H/4\times W/4\times 320$ 的特征表示。该模块共 53 层且输出特征图 $\boldsymbol{F}_{\mathrm{L}}$ 和 $\boldsymbol{F}_{\mathrm{R}}$ 的尺寸均为 $H/4\times W/4\times 320$，具体参数设置如表 7-1 所示。

表 7-1 2D 注意力残差单元和联合代价体的参数设置

层级名称	层级设置	输出维度
$\boldsymbol{I}_{\mathrm{L}}/\boldsymbol{I}_{\mathrm{R}}$	卷积核尺寸，通道数，步长	$H\times W\times 3$
2D 注意力残差模块		
conv0_1	3×3,32 步长=2	$H/2\times W/2\times 32$
conv0_2	3×3,32	$H/2\times W/2\times 32$
conv0_3	3×3,32	$H/2\times W/2\times 32$
conv1_x	$\begin{bmatrix}3\times 3,32\\3\times 3,32\end{bmatrix}\times 3$	$H/2\times W/2\times 32$
conv2_x	$\begin{bmatrix}3\times 3,32\\3\times 3,32\end{bmatrix}\times 16$，步长=2	$H/4\times W/4\times 64$
conv3_x	$\begin{bmatrix}3\times 3,32\\3\times 3,32\end{bmatrix}\times 3$	$H/4\times W/4\times 128$
conv4_x	$\begin{bmatrix}3\times 3,32\\3\times 3,32\end{bmatrix}\times 3$	$H/4\times W/4\times 128$
$\boldsymbol{F}_{\mathrm{L}}/\boldsymbol{F}_{\mathrm{R}}$	级联：conv2_x，conv3_x，conv4_x	$H/4\times W/4\times 320$
联合代价体		
$\boldsymbol{F}_{\mathrm{ge}}$	—	$D/4\times H/4\times W/4\times 40$
$\boldsymbol{F}_{\mathrm{L}}/\boldsymbol{F}_{\mathrm{R}}$	$\begin{bmatrix}3\times 3,128\\1\times 1,12\end{bmatrix}$	$H/4\times W/4\times 12$
$\boldsymbol{F}_{\mathrm{cat}}$	—	$D/4\times H/4\times W/4\times 24$
$\boldsymbol{F}_{\mathrm{com}}$	级联：$\boldsymbol{F}_{\mathrm{ge}}$，$\boldsymbol{F}_{\mathrm{cat}}$	$D/4\times H/4\times W/4\times 64$

为自适应地增强特征表示，在残差块中引入 2D 注意力机制，强调重要特征并抑制不必要特征。这种机制对每一通道赋予从 0 到 1 的不同权值，代表各个通道的重要程度，从而使得网络可以区别不同对象的特征图。在之前的工作中，通道注意力大多采用 SE-Net，通过两次全连接层缩放所有特征图的通道维度。然而，缩放特征通道数量虽然在整合信息过程中大大减小了计算量，但是降维的同时导致特征通道与其权重之间的对应是间接的，降低了通道注意力的学习能力。

因此在 SE-Net[23] 的基础上，设计无降维的注意力模块，以去除缩放通道[180]。鉴于无降维会增加计算复杂度，且通道特征具有一定的局部周期性，本章构造无降维局部跨通道注意力，在无降维的基础上，通过局部约束计算通道之间的依赖关系，并将其注意力块嵌入每个残差单元。2D 注意力残差单元结构如图 7-2 所示。

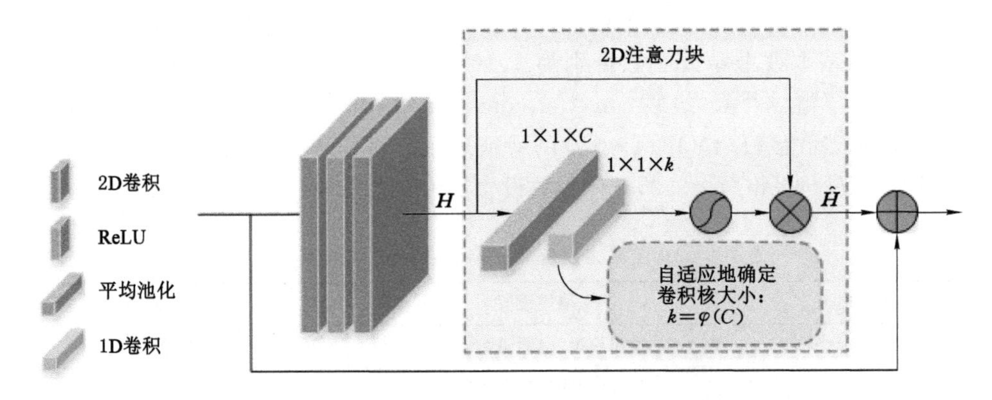

图 7-2　2D 注意力残差单元结构示意图

设 2D 注意力块输入特征图为 $\boldsymbol{H}\in\mathbb{R}^{H\times W\times C}$，在不降低通道维数的情况下，执行全局平均池化和卷积核大小为 k 的 1D 卷积。其中卷积核大小为 k 的 1D 卷积用来计算每个通道与其 k 个邻域间的相互作用，k 表示局部跨通道间的覆盖范围，即有多少邻域参与一个通道的注意力预测。k 的大小可以通过一个与特征图通道个数 C 相关的函数自适应确定。为进一步降低模型复杂度，所有通道共享相同的权值，该过程通过快速的 1D 卷积实现。上述过程可表述为：

$$\boldsymbol{s}=f_{1\mathrm{D}}(\boldsymbol{z}_{\mathrm{avg}}) \tag{7-1}$$

$$k=\varphi(C)=\left|\frac{\log_2 C+1}{2}\right|_{\mathrm{odd}} \tag{7-2}$$

式中　$\boldsymbol{z}_{\mathrm{avg}}$——经 2D 全局平均池化生成的特征图，$\boldsymbol{z}_{\mathrm{avg}}\in\mathbb{R}^{1\times1\times C}$；

$f_{1\mathrm{D}}$——卷积核尺寸为 k 的 $1\times1\times k$ 1D 卷积；

$\boldsymbol{s}$——使用 1D 卷积为各通道权重赋值后的张量，$\boldsymbol{s}\in\mathbb{R}^{1\times1\times C}$；

φ——k 和 C 之间的映射关系；

$|p|_{\mathrm{odd}}$——p 的相邻最近奇数。

将具有不同通道权重的特征张量通过 sigmoid 激活函数进行归一化处理，并与输入特征图的通道对应乘积，实现对特征图自适应地重新校准。

$$\hat{\boldsymbol{H}}=\boldsymbol{H}\cdot\sigma(\boldsymbol{s}) \tag{7-3}$$

式中　σ——sigmoid 激活函数；

$\hat{\boldsymbol{H}}$——2D 注意力块的输出特征图，$\hat{\boldsymbol{H}}\in\mathbb{R}^{H\times W\times C}$。

7.2.2　联合代价体

代价计算通常是计算一维相似性或者通过移位级联构建代价体，前者损耗信息多，后者计算成本高。因此，构建联合代价体 $\boldsymbol{F}_{\mathrm{com}}$，由分组关联代价体分量 $\boldsymbol{F}_{\mathrm{gc}}$ 和降维级联代价体分量 $\boldsymbol{F}_{\mathrm{cat}}$ 构成，其中 $\boldsymbol{F}_{\mathrm{gc}}$ 和 $\boldsymbol{F}_{\mathrm{cat}}$ 分别提供一维相似性度量和丰富的空间语义信息。联合代价体结构如图 7-3 所示。首先，将包含 320 个通道的 $\boldsymbol{F}_{\mathrm{L}}$ 和 $\boldsymbol{F}_{\mathrm{R}}$ 沿特征维度等分为 n 组，即每个特征组有 $320/n$ 个通道。根据 Gwc-Net[172]，网络的性能随着组数的增加而增加，且考虑内存使用量和计算成本，故设置 $n=40$。

$$F_{gc}=\frac{1}{320/n}\langle F_L^i, F_R^i\rangle \tag{7-4}$$

式中　$\langle\cdot,\cdot\rangle$——点积运算；

F_L^i, F_R^i——第 i 组的左特征图和右特征图。

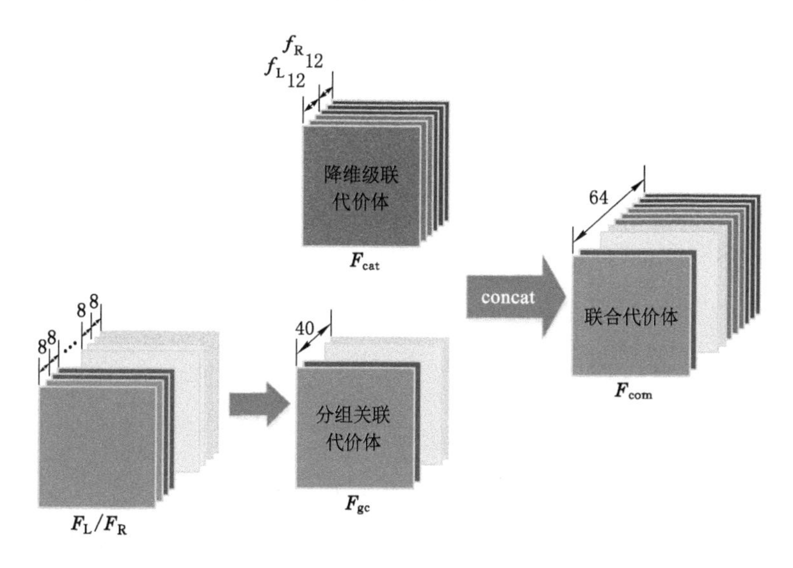

图 7-3　联合代价体结构示意图

针对代价体相比图像特征具有更多维度这一属性，对提取的左右特征图降维以减少内存占用。分别对输出尺寸均为 $H/4\times W/4\times 320$ 的 F_L 和 F_R 依次执行卷积核尺寸为 3×3 和 1×1 的 2D 卷积操作，得到具有 12 个特征维度的 f_L 和 f_R，进而级联获得降维级联代价体分量，其通道维度为 24。

$$F_{cat}=\{f_L, f_R\} \tag{7-5}$$

式中　$\{\cdot,\cdot\}$——级联操作。

最后，将 F_{gc} 和 F_{cat} 沿着通道维度堆叠形成尺寸为 $D/4\times H/4\times W/4\times 64$ 的 F_{com}。联合代价体的参数设置如表 7-1 所示。

7.2.3　3D 注意力沙漏聚合模块

3D 注意力沙漏聚合模块包含 1 个预处理结构和 3 个 3D 注意力沙漏结构，以捕获不同尺度的上下文信息。3D 注意力沙漏聚合模块结构如图 7-4 所示。其中，预处理结构由 4 个 3×3×3 3D 卷积层组成，提取低级特征，并为最终视差预测提供细节信息，作为视差图的几何约束。对于沙漏结构，在编码部分执行 4 次 3×3×3 3D 卷积，在每一个步长为 1 的 3D 卷积层后紧接一个步长为 2 的 3D 卷积层进行下采样操作，降低特征图分辨率的同时将通道数翻倍。由于编码部分共两次下采样，在解码部分相应执行两次上采样即两次 3×3×3 3D 反卷积操作以恢复分辨率，同时特征通道数减半，并将第二个反卷积层的输出与编码器中同分辨率的特征级联。此外，使用 1×1×1 3D 卷积将预处理结构和沙漏结构直连，减少网络计算参数。网络包括 Output0，Output1，Output2 和 Output3 共 4 个输出单元，每一个输出单元执行两次 3×3×3 3D 卷积，并应用三线性插值以恢复与输入图像大小相同的分辨率 $H\times W\times D$。

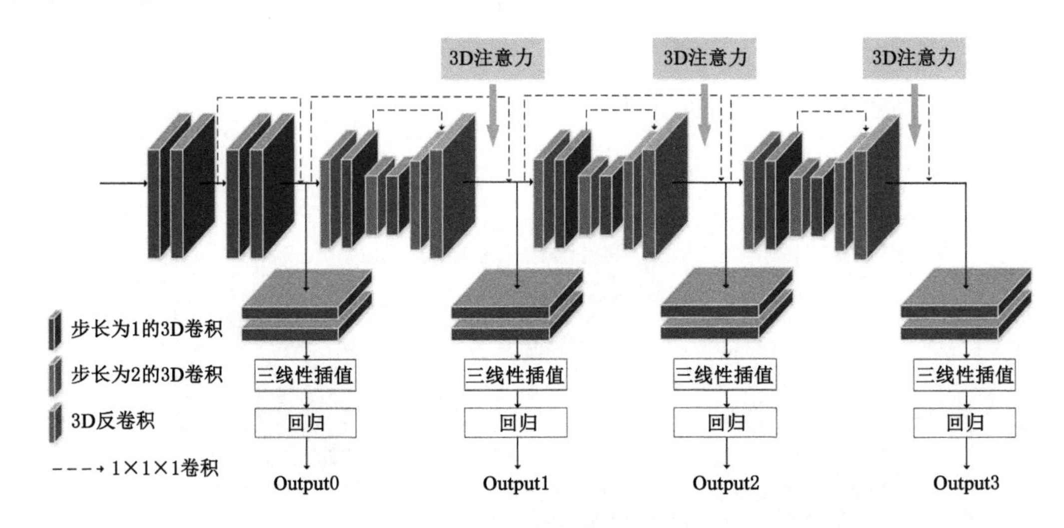

图 7-4　3D 注意力沙漏聚合模块结构示意图

以往基于 CNN 的代价聚合算法并未有效利用代价体的通道信息，从而导致网络缺乏选择性鉴别信息特征和关注显著特征的能力。因此，在堆叠 3D 沙漏结构的基础上，本章引入 3D 注意力机制计算不同代价体通道间的相互依赖性。3D 注意力沙漏单元结构如图 7-5 所示，沿着通道维度推断 3D 注意力特征图，与输入代价体相乘，细化代价体特征。

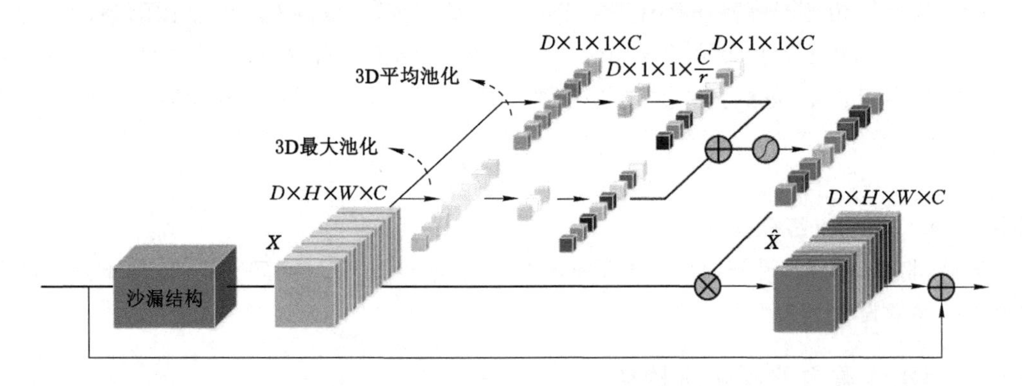

图 7-5　3D 注意力沙漏单元结构示意图

由于 3D 卷积滤波器具有感受局部视野的特性，难以有效利用局部区域以外的上下文信息，本章采用 3D 全局平均池化整合全局空间信息。与文献[133]不同，本章不仅使用 3D 全局平均池化，而且使用 3D 最大池化编码特征图，通过两种池化方式进一步区别对象的显著特征。设 3D 注意力单元输入代价体为 $\boldsymbol{X}\in\mathbb{R}^{D\times W\times H\times C}$，首先在同一层级分别执行 3D 全局平均池化和 3D 最大池化获得两个尺寸为 $D\times1\times1\times C$ 的代价体特征图。其次，相比 2D 图像特征对应的 4 维张量，代价体为 5 维张量，故为了减少参数数量、降低计算负担，采用 1×1×1 3D 卷积来整合所有通道间的信息，压缩特征维度设置为 $C/16$，再次执行 1×1×1 3D 卷积，将特征维度恢复至 C。上述过程可表示为：

$$s_{avg} = f''_{1\times1\times1}[f'_{1\times1\times1}(\boldsymbol{u}_{avg})] \tag{7-6}$$

$$s_{max} = f''_{1\times1\times1}[f'_{1\times1\times1}(\boldsymbol{u}_{max})] \tag{7-7}$$

式中　$\boldsymbol{u}_{avg}$，$\boldsymbol{u}_{max}$——经 3D 全局平均池化和 3D 最大池化生成的特征图，$\boldsymbol{u}_{avg}$，$\boldsymbol{u}_{max} \in \mathbb{R}^{D\times1\times1\times C}$；

$f'_{1\times1\times1}$和 $f''_{1\times1\times1}$——用于降维和升维的 3D 1×1×1 卷积；

$\boldsymbol{s}_{avg}$，$\boldsymbol{s}_{max}$——赋予通道不同权值的特征图，$\boldsymbol{s}_{avg}$，$\boldsymbol{s}_{max} \in \mathbb{R}^{D\times1\times1\times C}$。

将 $\boldsymbol{s}_{avg}$和 $\boldsymbol{s}_{max}$逐像素相加，采用 sigmoid 激活函数，得到最终的 3D 注意力特征图：

$$\hat{\boldsymbol{X}} = \boldsymbol{X} \cdot \sigma(\boldsymbol{s}_{avg} + \boldsymbol{s}_{max}) \tag{7-8}$$

式中　$\hat{\boldsymbol{X}}$——3D 注意力单元的输出特征图，$\hat{\boldsymbol{X}} \in \mathbb{R}^{D\times H\times W\times C}$。

7.2.4　损失函数

所提出的算法的输出分别为 Output0、Output1、Output2 和 Output3，对应的损失为 Loss0、Loss1、Loss2 和 Loss3。在训练阶段，总损失为 4 个损失的加权总和。在测试阶段，最终输出为 Output3，损失为 Loss3。采用 GC-Net 提出的 soft-argmin 方法进行视差估计，将每个像素 i 的视差值与相应的概率 p_i 乘积求和以获得预测视差 $\tilde{d}$：

$$\tilde{d} = \sum_{i=0}^{D_{max}-1} i \cdot p_i \tag{7-9}$$

式中　D_{max}——特征图的最大视差值。

最终的损失函数定义为：

$$L(\tilde{d},d) = \frac{1}{N}\sum_{k=0}^{3}\lambda_k \cdot L_1(\tilde{d}_i - d_i) \tag{7-10}$$

式中　N——标签像素的数量；

$\tilde{d}_i$——预测视差图；

d_i——真值视差图。

平滑 L_1 损失函数表示为：

$$L_1(\tilde{d}_i - d_i) = \begin{cases} 0.5(\tilde{d}_i - d_i)^2, & |\tilde{d}_i - d_i| < 1 \\ |\tilde{d}_i - d_i| - 0.5, & \text{其他} \end{cases} \tag{7-11}$$

7.3　实验结果分析与讨论

本章在公开数据集 Scene Flow[123]、KITTI 2015[159] 和 KITTI 2012[158] 上进行实验分析，并使用 EPE 和 D_1 等评价指标对所提出的算法进行评估。其中，EPE 表示估计的视差值与真实值之间的平均欧式距离，D_1 表示以左图为参考图像预测的视差错误像素百分比。

7.3.1　数据集与实验细节

所提出的算法通过应用 PyTorch 深度学习框架实现，在单个 Nvidia 2080Ti GPU 上进行训练和测试，且设置批次大小为 2。采用 Adam 优化器且设置 $\beta_1=0.9$，$\beta_2=0.999$。在训练阶段，将图像随机裁剪为 256×512 的图像块。使用的数据集如下。

① Scene Flow 数据集：本章使用 Scene Flow 数据集的子数据集 Flyingthings3D，其中，训练图像对提供精细且密集的真值图。图像的分辨率为 540×960，最大视差为 192。使用完整的数据集从头训练该模型，以学习率 0.001 训练 10 个周期。训练过程大约花费 56 h，训练的模型直接用于测试。

② KITTI 2015 数据集：在 5.4.1 节中已经详细介绍，此处不再赘述。其中，训练图像对提供通过 LiDAR 获得的稀疏真值视差图，测试图像对不提供真值视差图。图像的分辨率为 375×1 242，最大视差为 128。整个训练图像对被随机分成训练集（80%）和验证集（20%）。使用 Scene Flow 数据集预训练的模型在 KITTI 2015 上微调 300 个周期，设置恒定学习率为 1×10^{-4}，微调过程大约花费 20 h。

③ KITTI 2012 数据集：与 KITTI 2015 类似，提供训练图像对的稀疏真值视差图。其微调过程与 KITTI 2015 数据集一致。

7.3.2 超参数分析

本章分别在 KITTI 2012 和 KITTI 2015 数据集上对立体匹配网络进行消融实验，定量评估 2D 注意力残差模块、3D 注意力沙漏聚合模块、联合代价体以及损失函数权重对立体匹配性能的影响。

7.3.2.1 验证 2D 注意力残差模块的有效性

本章在不含 3D 注意力单元的情况下，比较 4 种 2D 注意力的变体：无 2D 注意力的残差网络、具有最大池化层的降维 2D 注意力、具有平均池化层的降维 2D 注意力[23]和无降维自适应 2D 注意力。表 7-2 给出了在 KITTI 2015 数据集上 2D 注意力残差模块在不同设置下的性能评估结果，其中，“>[n]px”表示当 EPE 大于 n 时的像素百分比，“✓”表示模块使用该结构。由表 7-2 可知，当未添加 2D 注意力时 EPE 值仅为 0.631 px，错误率明显高于其他 3 种方法，无降维自适应 2D 注意力 EPE 值可达 0.615 px，性能优于分别具有最大池化层和平均池化层的降维 2D 注意力。实验结果表明，所提出的 2D 注意力残差模块性能最优，通过保持维度一致和局部跨通道间的信息交互，有效提高了网络注意力，有助于立体匹配任务降低预测视差误差。

表 7-2 2D 注意力残差模块在不同设置下的性能评估结果

网络设置	KITTI 2015			
2D 注意力单元	>1 px/%	>2 px/%	>3 px/%	EPE/px
—	13.6	3.49	1.79	0.631
MaxPool＋降维	12.9	3.20	1.69	0.623
AvgPool＋降维	12.7	3.26	1.64	0.620
✓	12.4	3.12	1.61	0.615

7.3.2.2 验证 3D 注意力沙漏聚合模块的有效性

本章在 2D 注意力残差模块的基础上，比较 4 种 3D 注意力的变体：无 3D 注意力的原始沙漏聚合模块、具有3D最大池化层的3D注意力、具有3D平均池化层的3D注意力和同时使用两种池化方式的3D注意力。表7-3给出了在KITTI 2012和KITTI 2015数据集上3D注意力沙漏聚合模块在不同设置下的性能评估结果。

表7-3　联合代价体和3D注意力沙漏聚合模块在不同设置下的性能评估结果

网络设置			KITTI 2012		KITTI 2015	
联合代价体	3D注意力单元		EPE/px	D_1-all/%	EPE/px	D_1-all/%
	3D最大池化	3D平均池化				
✓	—	—	0.804	2.57	0.615	1.94
✓	✓	—	0.722	2.36	0.610	1.70
✓	—	✓	0.703	2.33	0.607	1.68
PSMNet[109]	✓	✓	0.867	2.65	0.652	2.03
✓	✓	✓	0.654	2.13	0.589	1.43

由表7-3可知，在加入3D注意力后，算法的D_1-all和EPE值都明显降低，证明具有3D注意力的沙漏聚合模块优于原始沙漏聚合模块。具有两种池化方式的3D注意力沙漏聚合模块在KITTI 2012和KITTI 2015数据集上的EPE值分别达到0.654 px和0.589 px，其性能明显优于仅含单一池化的3D注意力沙漏聚合模块。实验结果表明，不能忽略3D最大池化的重要性，其与3D平均池化一样有意义，3D注意力沙漏聚合模块在多个沙漏结构的基础上嵌入双重池化3D注意力单元，捕获多尺度上下文信息。将两种池化方式结合可帮助立体匹配任务更多样地获取上下文信息，从而有效提高网络的聚合能力。

7.3.2.3　验证联合代价体的有效性

鉴于联合代价体是特征提取与代价聚合之间的枢纽，本章将联合代价体与PSMNet的级联代价体进行对比，表7-3给出了在KITTI 2012和KITTI 2015数据集上联合代价体在不同设置下的性能评估结果。从表7-3中可以看出，联合代价体相比PSMNet[109]的级联代价体，增加了相关代价体分量的引导，对于多维注意力机制的性能产生了积极的作用，整个网络结构相辅相成。

7.3.2.4　验证不同损失函数权重对网络的影响

3D聚合网络有4个输出单元，因此损失函数权重对网络的影响也至关重要。本章将损失权重以λ_1、λ_2、λ_3、λ_4的顺序设置，如图7-6所示。从图7-6中可以看出，越接近网络末端的损失计算对网络训练越重要，同时网络其余子编码块的输出也对网络的性能起着辅助训练的作用，使整个网络从前到后都能得到有效的误差回传，多个子编码块的输出保证了网络的均衡训练。

7.3.3　与其他方法的性能比较与分析

为进一步验证算法的有效性，在Scene Flow数据集上将所提出的方法与其他方法进行比较，包括Gwc-Net[172]、PSMNet[109]、MCA-Net[176]、CRL[124]和GC-Net[129]。定量评估结

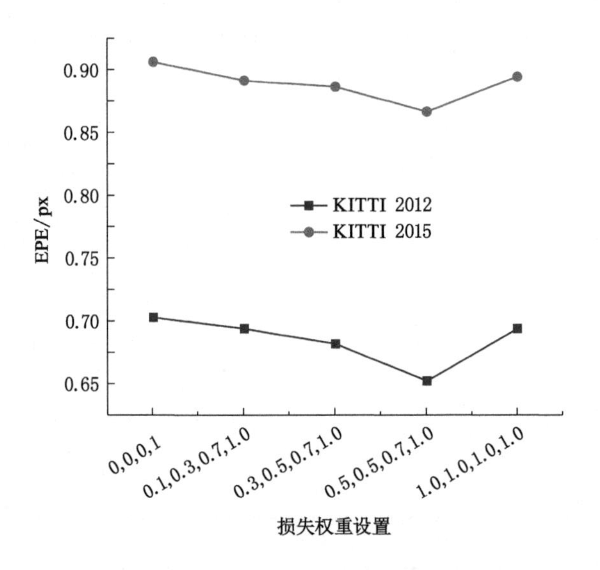

图 7-6　损失函数权重对网络的影响

果如表 7-4 所示。所提出的算法在 Scene Flow 数据集上的 EPE 值均低于其他 5 种算法，其中，与 Gwc-Net 相比 EPE 降低了 0.055 px，与 PSMNet 相比 EPE 降低了 0.28 px。此外，图 7-7 显示了在 Scene Flow 数据集上的视差评估结果，从上至下依次命名为 Img1 至 Img4，其中图 7-7(c)Gwc-Net 表示不包含多维注意力的算法。由图 7-7 中标注的小方框可以看出，具有多维注意力的算法能更有效地提取不同对象的显著变化特征。因此，所提出的算法能够为主体对象的显著特征分配更高的响应值，提高网络的学习推理能力，生成比未添加注意力时更精细的视差图，具有较高的预测精度，而且可以敏锐地鉴别推理主体对象的显著性特性。

表 7-4　不同算法在 Scene Flow 数据集上的性能评估结果

算法	本章方法	Gwc-Net[172]	PSMNet[109]	MCA-Net[176]	CRL[124]	GC-Net[129]
EPE/px	0.71	0.765	1.09	1.30	1.32	2.51

表 7-5 反映了在 KITTI 2015 数据集上本章算法与 DispNetC[123]、MC-CNN-art[181]、CRL[124]、PDSNet[98]、GC-Net[129] 和 PSMNet[109] 的定量评估结果。其中，“All”表示所有区域像素，“Noc”表示仅非遮挡区域的像素。本章分别在背景区域(bg)、前景区域(fg)和所有区域内(all)计算评价指标 D_1 值。由表 7-5 可知，本章算法在所有区域和仅非遮挡区域的 D_1-bg 和 D_1-all 值都低于其他方法。图 7-8 显示了在 KITTI 2015 数据集上视差估计结果。由图 7-8 可知，在处理重复图案区域中(如栅栏、道路)匹配效果较好，且保留了对象的显著信息(如车辆、电线杆和树干的边缘区域)。在大的弱纹理区域(如天空)和被遮挡区域由于没有可用于正确匹配的特征，存在很多噪声。实验结果表明，多维注意力机制通过聚集丰富的匹配信息可有效鉴别不同对象的显著特征，提取更全面有效的特征，降低匹配误差。

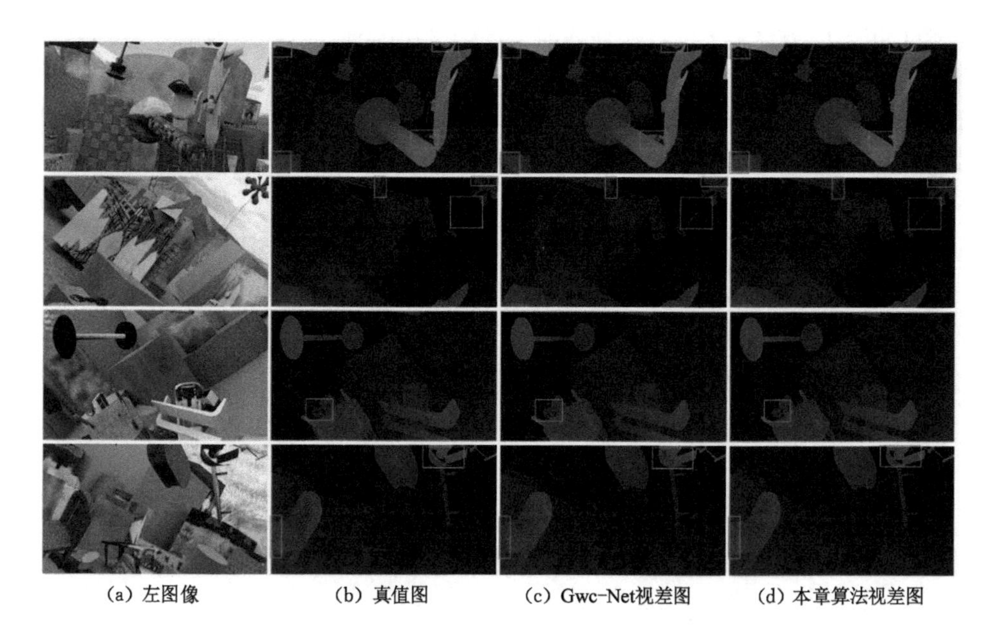

(a) 左图像　(b) 真值图　(c) Gwc-Net视差图　(d) 本章算法视差图

图 7-7　Scene Flow 视差估计结果

表 7-5　不同算法在 KITTI 2015 数据集上的性能评估结果

算法	All/%			Noc/%		
	D_1-bg	D_1-fg	D_1-all	D_1-bg	D_1-fg	D_1-all
DispNetC[123]	4.32	4.41	4.34	4.11	3.72	4.05
MC-CNN-art[181]	2.89	8.88	3.88	2.48	7.64	3.33
CRL[124]	2.48	3.59	2.67	2.32	3.12	2.45
PDSNet[98]	2.29	4.05	2.58	2.09	3.68	2.36
GC-Net[129]	2.21	6.16	2.87	2.02	5.58	2.61
PSMNet[109]	1.86	4.62	2.32	1.71	4.31	2.14
本章算法	1.72	4.53	2.30	1.64	4.08	2.06

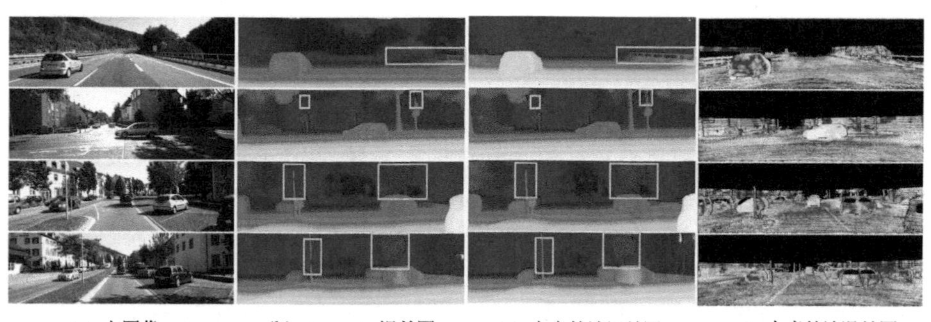

(a) 左图像　(b) Gwc-Net视差图　(c) 本章算法视差图　(d) 本章算法误差图

图 7-8　KITTI 2015 视差估计结果

在 KITTI 2012 数据集上的性能评估与 KITTI 2015 类似。表 7-6 反映了在 KITTI 2012 数据集上本章算法与 DispNetC[123]、MC-CNN-acrt[181]、GC-Net[129]、SegStereo[168]和 PSMNet[109]的定量评估结果。由表 7-6 可知,本章算法与其他几种算法相比,大于 3 像素和大于 5 像素的误差值最小,表明基于多维注意力机制的立体匹配网络在整体精度上取得了优越的性能。图 7-9 显示了在 KITTI 2012 数据集上的视差估计结果,由图 7-9 中标注的方框可看出本书算法在显著对象(如围栏、车辆)方面视差预测结果较好,且不受光线变化的影响。实验结果表明,本章算法具有良好的泛化性,多维注意力的引入提高了网络的学习能力,可有效鉴别无遮挡对象的显著特征,提高视差预测精度。

表 7-6 不同算法在 KITTI 2012 数据集上的性能评估结果

算法	>2 px/%		>3 px/%		>5 px/%		平均误差/%	
	Noc	All	Noc	All	Noc	All	Noc	All
DispNetC[123]	7.38	8.11	4.11	4.65	2.05	2.39	0.9	1.0
MC-CNN-acrt[181]	3.90	5.45	2.43	3.63	1.64	2.39	0.7	0.9
GC-Net[129]	2.71	3.46	1.77	2.30	1.12	1.46	0.6	0.7
SegStereo[168]	2.66	3.19	1.68	2.03	1.00	1.21	0.5	0.6
PSMNet[109]	2.44	3.01	1.49	1.89	0.90	1.15	0.5	0.6
本章方法	3.01	3.60	1.46	1.73	0.81	0.90	0.5	0.6

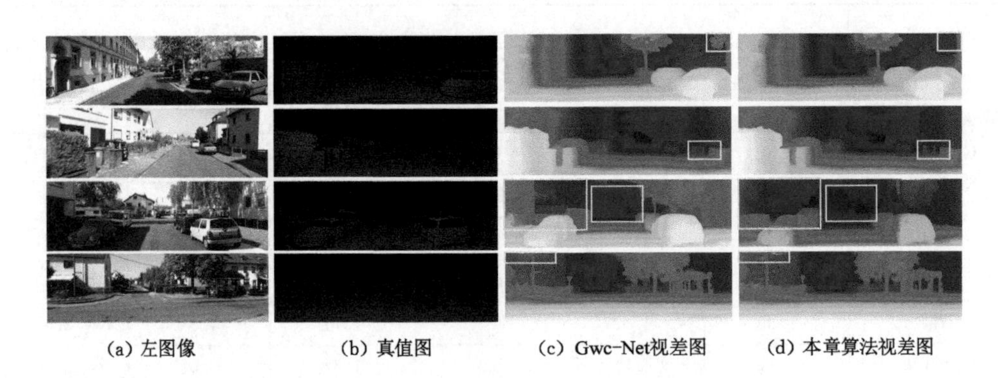

(a) 左图像　(b) 真值图　(c) Gwc-Net视差图　(d) 本章算法视差图

图 7-9 KITTI 2012 视差估计结果

7.4 本章小结

本章提出了一种多维注意力特征聚合立体匹配算法,以多模块及多层级的嵌入方式协同两种不同维度的注意力单元。2D 注意力残差模块在原始残差网络基础上引入自适应无降维 2D 通道注意力,理解局部跨通道间的相互依赖性,保留显著细节特征,为代价聚合过程提供了全面有效的相似性度量。3D 注意力沙漏聚合模块在多个沙漏结构的基础上嵌入双重池化 3D 注意力单元,捕获多尺度上下文信息,有效提高了网络的聚合能力。2D 注意力和 3D 注意力之间相辅相成,对整个网络的权重修正、误差回传都起到了积极的作用。在 3 个公开数据集上的实验结果表明,所提出的算法不仅具有较高的预测精度,而且可以敏锐地鉴别推理无遮挡区域主体对象的显著性特性。

8 主要结论与展望

8.1 主要结论

计算机视觉作为基础研究对人工智能的发展起着非常重要的作用，其中，立体图像不仅有助于二维图像的理解，对三维视觉上的距离度量也至关重要。为此，寻找立体图像中左右视角对应偏移像素对于实现立体图像的超分辨率与视差估计具有重要意义。本书构建了特征提取子网络算法，获得了多尺度和多层级的图像特征，增强了图像表征的鲁棒性和判别性，实现了多样化的特征学习。考虑单图超分辨率网络具有感知并重建单幅图像的学习能力，提出了注意力立体融合模块和增强型跨视图交互策略，有效整合了两个单图超分辨率分支以及模块之间的信息交互。考虑现有代价聚合网络需要较高的计算成本来聚合代价体，构建了三维注意力聚合编解码代价聚合网络，利用较短的运行时间提高了代价聚合网络的学习与推理能力，获得了精准的立体视差估计值。本书的主要创新工作如下：

(1) 在立体图像特征提取方面，建立了用于立体超分辨率的多样化特征子网络学习算法，以自适应的方式聚合了另一个视角中的图像信息。提出了结合全局与多层级信息的立体匹配子网络算法，分别结合了多层级的上下文信息和低层全局结构信息，增强了立体图像特征的多样化表示和鲁棒性。以 KITTI 2012 数据集的实验结果为例，在采样因子为 4 的情况下，第 2 章提出的算法相比 DRCN，计算精度 PSNR 和 SSIM 分别提高了 0.45 dB 和 0.023；第 4 章提出的算法在无遮挡和所有区域像素中 EPE 分别为 0.5 px 和 0.6 px。

(2) 在立体超分辨率视图信息交互方面，提出了基于注意力的立体融合模型，将其安插于左右单图超分辨率网络分支的不同层级之间，以稀疏连接的方式有效提取了单图超分辨率网络中视图内的信息。从单图超分辨率分支的角度学习两个视图之间的像素点对应关系，由此提出了增强型跨视图交互策略，通过横向稠密连接、竖向稀疏连接以及特征融合 3 种方式，增强了视图间和视图内的信息交互，实现了从低分辨率到高分辨率图像的网络学习，提高了立体图像的超分辨率效果。以 KITTI 2015 数据集的实验结果为例，相比 iPASSR，第 3 章提出的算法与 SRResNet 相结合的计算精度 PSNR 和 SSIM 分别提高了0.36 dB 和 0.065。

(3) 在立体匹配代价聚合方面，提出了子分支与跨阶层聚合编码和三维注意力重编码两种编码模块，获得了具有判别性和鲁棒性的 4D 代价体，进而提出了逐阶层聚合解码模块来解码代价体，3 个子模块共同构成三维注意力聚合编解码代价聚合网络，从多层级多尺度方面有效整合了代价体信息，利用少量的运行时间提高了立体匹配网络的模型学习和预测能力，获得了精确的视差值。以 KITTI 2015 数据集的实验结果为例，在无遮挡和所有区域的所有像素中，第 5 章提出的算法相比 PSMNet，误差百分比分别减小了 0.25% 和

0.23%,且运行时间减少了 0.13 s。

(4) 在立体匹配计算复杂性和预测精度平衡方面,提出了一种基于引导代价体和引导编解码结构的双引导式立体视差估计网络。采用分组形式构建的引导代价体减少了后续网络计算的参数。编解码结构结合了 2D 池化和 3D 卷积运算,级联特征可以有效地引导串联特征,实现更快速地聚合代价体。在 Scene Flow 数据集和 KITTI 数据集上的实验结果表明,第 6 章提出的模型在显著缩短运行时间的同时提高了匹配精度。

(5) 在推理无遮挡区域主体对象的显著性特征方面,提出了一种多维注意力特征聚合立体匹配算法。设计了 2D 注意力残差模块,理解局部跨通道间相互依赖性的同时保留了图像显著细节特征,为代价聚合过程提供了全面有效的相似性度量。提出了 3D 注意力捕获多尺度上下文信息,扩展了多维注意力机制,进一步自适应聚合和重新校准了不同深度代价体,有效提高了网络的聚合能力。以多模块及多层级的嵌入方式协同这两种不同维度的注意力单元,有助于整个网络的权重修正、误差回传。在三大标准数据集上的实验结果表明,第 7 章提出的算法可以敏锐地鉴别推理无遮挡区域主体对象的显著性特性。

8.2 展　　望

本书从特征提取、立体超分辨率、立体视差估计 3 个方面针对双目视觉图像理解的研究获得了阶段性的成果,但还有一些问题需要进一步深入研究,具体表现在以下几点:

(1) 本书在立体图像视差估计任务的建模和实验中,为了计算和分析,简化了类似视差优化等其他子任务的影响,在后续研究中还需进一步分析代价聚合网络框架,并考虑将其改进应用于视差优化等其他子任务中,以进一步提高视差估计的性能,为立体匹配的深入研究提供理论基础。

(2) 在下一步工作中,将研究立体超分辨率网络计算的超分辨率图像对立体匹配网络精度的影响,结合两个子任务构建协同网络,通过对卷积神经网络进行端到端训练学习,以实现对低分辨率立体图像的视差计算,为多任务学习的进一步研究提供基础。

(3) 本书重点关注的是立体图像的超分辨率重建精度和视差估计精度,在此基础上,后期的研究中将进一步关注网络预测的实时性和网络模型的轻量化,以便在移动终端等设备中实现实时精准预测。

参考文献

[1] 胡银林. 高精度光流估计方法研究[D]. 西安：西安电子科技大学，2017.

[2] HE T, ZHANG Z, ZHANG H, et al. Bag of tricks for image classification with convolutional neural networks[C]//2019 IEEE/CVF Conference on Computer Vision and Pattern Recognition (CVPR). Long Beach, 2019: 558-567.

[3] YU C Q, WANG J B, PENG C, et al. BiSeNet: bilateral segmentation network for real-time semantic segmentation[C]//European Conference on Computer Vision. Cham: Springer, 2018: 334-349.

[4] LIN T Y, DOLLÁR P, GIRSHICK R, et al. Feature pyramid networks for object detection[C]//2017 IEEE Conference on Computer Vision and Pattern Recognition (CVPR). Honolulu, 2017: 936-944.

[5] XU Q Y, WANG L G, WANG Y Q, et al. Deep bilateral learning for stereo image super-resolution[J]. IEEE signal processing letters, 2021, 28: 613-617.

[6] ZHANG X X, LIU Z G. A survey on stereo vision matching algorithms[C]// Proceeding of the 11th World Congress on Intelligent Control and Automation. Shenyang, 2014: 2026-2031.

[7] FENG D, ROSENBAUM L, DIETMAYER K. Towards safe autonomous driving: capture uncertainty in the deep neural network for lidar 3D vehicle detection[C]//2018 21st International Conference on Intelligent Transportation Systems (ITSC). Maui, 2018: 3266-3273.

[8] LIU W B, WANG Z D, LIU X H, et al. A survey of deep neural network architectures and their applications[J]. Neurocomputing, 2017, 234: 11-26.

[9] GAO K L, YU A Z, YOU X, et al. Integrating multiple sources knowledge for class asymmetry domain adaptation segmentation of remote sensing images[J]. IEEE transactions on geoscience and remote sensing, 2024, 62: 5602418.

[10] SHI M, DENG W Z, YI Q M, et al. Salient-boundary-guided pseudo-pixel supervision for weakly-supervised semantic segmentation[J]. IEEE signal processing letters, 2023, 31: 86-90.

[11] 石恒璨. 场景语义解析理论与方法研究[D]. 成都：电子科技大学，2019.

[12] 朱均安. 基于深度学习的视觉目标跟踪算法研究[D]. 长春：中国科学院大学(中国科学院长春光学精密机械与物理研究所)，2020.

[13] IOFFE S, SZEGEDY C. Batch normalization: accelerating deep network training by reducing internal covariate shift[C]//32nd International Conference on Machine

Learning. ICML,2015:448-456.

[14] KRIZHEVSKY A,SUTSKEVER I,HINTON G E. ImageNet classification with deep convolutional neural networks[J]. Communications of the ACM,2017,60(6):84-90.

[15] SIMONYAN K,ZISSERMAN A. Very deep convolutional networks for large-scale image recognition[C]//3rd International Conference on Learning Representations. San Diego,2015.

[16] SZEGEDY C,LIU W,JIA Y Q,et al. Going deeper with convolutions[C]//2015 IEEE Conference on Computer Vision and Pattern Recognition (CVPR). Boston, 2015:1-9.

[17] HE K M,ZHANG X Y,REN S Q,et al. Deep residual learning for image recognition [C]//2016 IEEE Conference on Computer Vision and Pattern Recognition (CVPR). Las Vegas,2016:770-778.

[18] HUANG G,LIU Z,VAN DER MAATEN L,et al. Densely connected convolutional networks[C]//2017 IEEE Conference on Computer Vision and Pattern Recognition (CVPR). Honolulu,2017:2261-2269.

[19] RONNEBERGER O, FISCHER P, BROX T. U-net: convolutional networks for biomedical image segmentation [C]//International Conference on Medical Image Computing and Computer-Assisted Intervention. Cham:Springer,2015:234-241.

[20] HE K M,ZHANG X Y,REN S Q,et al. Spatial pyramid pooling in deep convolutional networks for visual recognition [J]. IEEE transactions on pattern analysis and machine intelligence,2015,37(9):1904-1916.

[21] WANG F, JIANG M Q, QIAN C, et al. Residual attention network for image classification[C]//2017 IEEE Conference on Computer Vision and Pattern Recognition (CVPR). Honolulu,2017:6450-6458.

[22] LI K P,WU Z Y,PENG K C,et al. Guided attention inference network[J]. IEEE transactions on pattern analysis and machine intelligence,2020,42(12):2996-3010.

[23] HU J,SHEN L,ALBANIE S,et al. Squeeze-and-excitation networks[J]. IEEE transactions on pattern analysis and machine intelligence,2020,42(8):2011-2023.

[24] WOO S,PARK J,LEE J Y,et al. CBAM:convolutional block attention module[C]// European Conference on Computer Vision. Cham:Springer,2018:3-19.

[25] LYU K J,LI Y M,ZHANG Z F. Attention-aware multi-task convolutional neural networks[J]. IEEE transactions on image processing,2020,29:1867-1878.

[26] LI H C,XIONG P F,AN J,et al. Pyramid attention network for semantic segmentation [EB/OL]. 2018:arXiv:1805. 10180. http://arxiv. org/abs/1805. 10180.

[27] JEON S, KIM S, SOHN K. Convolutional feature pyramid fusion via attention network[C]//2017 IEEE International Conference on Image Processing (ICIP). Beijing,2017:1007-1011.

[28] HUANG Z L,WANG X G,WEI Y C,et al. CCNet:criss-cross attention for semantic segmentation[J]. IEEE transactions on pattern analysis and machine intelligence,

2023,4(6):6896-6908.

[29] CRESWELL A,WHITE T,DUMOULIN V,et al. Generative adversarial networks: an overview[J]. IEEE signal processing magazine,2018,35(1):53-65.

[30] GOODFELLOW I J,POUGET-ABADIE J,MIRZA M,et al. Generative adversarial networks[EB/OL]. 2014:arXiv:1406. 2661. http://arxiv. org/abs/1406. 2661.

[31] 谭宏卫,王国栋,周林勇,等. 基于一种条件熵距离惩罚的生成式对抗网络[J]. 软件学报,2021,32(4):1116-1128.

[32] KIM B S,LEE J H,KANG J W,et al. HOTR:end-to-end human-object interaction detection with transformers[C]//2021 IEEE/CVF Conference on Computer Vision and Pattern Recognition (CVPR). Nashville,2021:74-83.

[33] ZHU X Z,SU W J,LU L W,et al. Deformable DETR:deformable transformers for end-to-end object detection[EB/OL]. 2020: arXiv: 2010. 04159. http://arxiv. org/abs/2010. 04159.

[34] FAN H Q,XIONG B,MANGALAM K,et al. Multiscale vision transformers[C]//2021 IEEE/CVF International Conference on Computer Vision (ICCV). Montreal,2021:6804-6815.

[35] DOSOVITSKIY A,BEYER L,KOLESNIKOV A,et al. An image is worth 16×16 words:transformers for image recognition at scale[C]//International Conference on Learning Representations,Addis Ababa, 2020.

[36] DALMAZ O, YURT M, CUKUR T. ResViT: residual vision transformers for multimodal medical image synthesis[J]. IEEE transactions on medical imaging,2022,41(10):2598-2614.

[37] LIU Z,LIN Y T,CAO Y,et al. Swin transformer: hierarchical vision transformer using shifted windows[C]//2021 IEEE/CVF International Conference on Computer Vision (ICCV). Montreal,2021:9992-10002.

[38] CARION N, MASSA F, SYNNAEVE G, et al. End-to-end object detection with transformers[C]//European Conference on Computer Vision. Cham:Springer,2020:213-229.

[39] ZHOU Q Y,LI X T,HE L,et al. TransVOD:end-to-end video object detection with spatial-temporal transformers[J]. IEEE transactions on pattern analysis and machine intelligence,2023,45(6):7853-7869.

[40] CHEN Y Y, WANG J Q, ZHU B K, et al. Pixelwise deep sequence learning for moving object detection[J]. IEEE transactions on circuits and systems for video technology,2019,29(9):2567-2579.

[41] 苏衡,周杰,张志浩. 超分辨率图像重建方法综述[J]. 自动化学报,2013,39(8):1202-1213.

[42] PARK S C, PARK M K, KANG M G. Super-resolution image reconstruction: a technical overview[J]. IEEE signal processing magazine,2003,20(3):21-36.

[43] 赵洋. 基于深度学习的图像超分辨率重建技术综述[J]. 长江信息通信,2020(12):

8-12,17.

[44] LEHMANN T M, GÖNNER C, SPITZER K. Survey: interpolation methods in medical image processing[J]. IEEE transactions on medical imaging, 1999, 18(11): 1049-1075.

[45] MASTYŁO M, SILVA E B. Interpolation of the measure of noncompactness of bilinear operators[J]. Transactions of the Americanmathematical society, 2018, 370(12): 8979-8997.

[46] REN Y. A comparative study of irregular pyramid matching in bag-of-bags of words model for image retrieval[J]. Signal, image and video processing, 2016, 10(3): 471-478.

[47] KATSUKI T, TORII A, INOUE M. Posterior-mean super-resolution with a causal Gaussian Markov random field prior[J]. IEEE transactions on image processing: a publication of the IEEE signal processing society, 2012, 21(7): 3182-3193.

[48] CHEN J, NUNEZ-YANEZ J, ACHIM A. Video super-resolution using generalized Gaussian Markov random fields[J]. IEEE signal processing letters, 2012, 19(2): 63-66.

[49] CHAKRABARTI A, RAJAGOPALAN A N, CHELLAPPA R. Super-resolution of face images using kernel PCA-based prior[J]. IEEE transactions on multimedia, 2007, 9(4): 888-892.

[50] 唐艳秋,潘泓,朱亚平,等. 图像超分辨率重建研究综述[J]. 电子学报,2020,48(7): 1407-1420.

[51] SONG H H, XU W J, LIU D, et al. Multi-stage feature fusion network for video super-resolution[J]. IEEE transactions on image processing: a publication of the IEEE signal processing society, 2021, 30: 2923-2934.

[52] XU R K, XIAO Z Y, YAO M D, et al. Stereo video super-resolution via exploiting view-temporal correlations[C]//Proceedings of the 29th ACM International Conference on Multimedia. Virtual Event China, 2021: 460-468.

[53] YUAN Y, CAO Z Q, SU L J. Light-field image superresolution using a combined deep CNN based on EPI[J]. IEEE signal processing letters, 2018, 25(9): 1359-1363.

[54] 张宁,王永成,张欣,等. 基于深度学习的单幅图片超分辨率重构研究进展[J]. 自动化学报,2020,46(12): 2479-2499.

[55] CHEN C Q, QING C M, XU X M, et al. Cross parallax attention network for stereo image super-resolution[J]. IEEE transactions on multimedia, 2021, 24: 202-216.

[56] GARCIA D C, DOREA C, DE QUEIROZ R L. Super resolution for multiview images using depth information[J]. IEEE transactions on circuits and systems for video technology, 2012, 22(9): 1249-1256.

[57] DONG C, LOY C C, HE K M, et al. Image super-resolution using deep convolutional networks[J]. IEEE transactions on pattern analysis and machine intelligence, 2016, 38(2): 295-307.

[58] DONG C, LOY C C, TANG X O. Accelerating the super-resolution convolutional

neural network [C]//European Conference on Computer Vision. Cham: Springer, 2016:391-407.

[59] KIM J W, LEE J K, LEE K M. Accurate image super-resolution using very deep convolutional networks[C]//2016 IEEE Conference on Computer Vision and Pattern Recognition (CVPR). Las Vegas, 2016:1646-1654.

[60] SHI W Z, CABALLERO J, HUSZÁR F, et al. Real-time single image and video super-resolution using an efficient sub-pixel convolutional neural network[C]//2016 IEEE Conference on Computer Vision and Pattern Recognition (CVPR). Las Vegas, 2016: 1874-1883.

[61] KIM J W, LEE J K, LEE K M. Deeply-recursive convolutional network for image super-resolution [C]//2016 IEEE Conference on Computer Vision and Pattern Recognition (CVPR). Las Vegas, 2016:1637-1645.

[62] TONG T, LI G, LIU X J, et al. Image super-resolution using dense skip connections [C]//2017 IEEE International Conference on Computer Vision (ICCV). Venice, 2017:4809-4817.

[63] ZHANG Y L, TIAN Y P, KONG Y, et al. Residual dense network for image restoration[J]. IEEE transactions on pattern analysis and machine intelligence, 2021, 43(7):2480-2495.

[64] TAI Y, YANG J, LIU X M. Image super-resolution via deep recursive residual network[C]//2017 IEEE Conference on Computer Vision and Pattern Recognition (CVPR). Honolulu, 2017:2790-2798.

[65] ZHANG Y L, LI K P, LI K, et al. Image super-resolution using very deep residual channel attention networks[C]//European Conference on Computer Vision. Cham: Springer, 2018:294-310.

[66] LIM B, SON S H, KIM H W, et al. Enhanced deep residual networks for single image super-resolution [C]//2017 IEEE Conference on Computer Vision and Pattern Recognition Workshops (CVPRW). Honolulu, 2017:1132-1140.

[67] LEDIG C, THEIS L, HUSZÁR F, et al. Photo-realistic single image super-resolution using a generative adversarial network [C]//2017 IEEE Conference on Computer Vision and Pattern Recognition (CVPR). Honolulu, 2017:105-114.

[68] GUO Y, CHEN J, WANG J D, et al. Closed-loop matters: dual regression networks for single image super-resolution [C]//2020 IEEE/CVF Conference on Computer Vision and Pattern Recognition (CVPR). Seattle, 2020:5406-5415.

[69] MA C, RAO Y M, CHENG Y A, et al. Structure-preserving super resolution with gradient guidance[C]//2020 IEEE/CVF Conference on Computer Vision and Pattern Recognition (CVPR). Seattle, 2020:7766-7775.

[70] 芦焱琦，陈明惠，秦楷博，等. 基于金字塔长程 Transformer 的 OCT 图像超分辨率重建[J]. 中国激光，2023，50(15)：69-80.

[71] 张帅勇，刘美琴，姚超，等. 分级特征反馈融合的深度图像超分辨率重建[J]. 自动化学

报,2022,48(4):992-1003.

[72] 程德强,陈杰,寇旗旗,等.融合层次特征和注意力机制的轻量化矿井图像超分辨率重建方法[J].仪器仪表学报,2022,43(8):73-84.

[73] 李公平,陆耀,王子建,等.基于模糊核估计的图像盲超分辨率神经网络[J].自动化学报,2023,49(10):2109-2121.

[74] JEON D S,BAEK S H,CHOI I,et al. Enhancing the spatial resolution of stereo images using a parallax prior[C]//2018 IEEE/CVF Conference on Computer Vision and Pattern Recognition. Salt Lake City,2018:1721-1730.

[75] WANG L G,WANG Y Q,LIANG Z F,et al. Learning parallax attention for stereo image super-resolution[C]//2019 IEEE/CVF Conference on Computer Vision and Pattern Recognition (CVPR). Long Beach,2019:12242-12251.

[76] DUAN C Y,XIAO N F. Parallax-based spatial and channel attention for stereo image super-resolution[J]. IEEE access,2019,7:183672-183679.

[77] SONG W,CHOI S,JEONG S,et al. Stereoscopic image super-resolution with stereo consistent feature[J]. Proceedings of the AAAI conference on artificial intelligence,2020,34(7):12031-12038.

[78] YING X Y,WANG Y Q,WANG L G,et al. A stereo attention module for stereo image super-resolution[J]. IEEE signal processing letters,2020,27:496-500.

[79] WANG Y Q,YING X Y,WANG L G,et al. Symmetric parallax attention for stereo image super-resolution[C]//2021 IEEE/CVF Conference on Computer Vision and Pattern Recognition Workshops (CVPRW). Nashville,2021:766-775.

[80] XIE W D,ZHANG J,LU Z S,et al. Non-local nested residual attention network for stereo image super-resolution[C]//ICASSP 2020-2020 IEEE International Conference on Acoustics,Speech and Signal Processing (ICASSP). Barcelona,2020:2643-2647.

[81] PAN Z Y,JIANG G Y,JIANG H,et al. Stereoscopic image super-resolution method with view incorporation and convolutional neural networks[J]. Applied sciences,2017,7(6):526.

[82] LUO J W,LIU L Y,XU W B,et al. Stereo super-resolution images detection based on multi-scale feature extraction and hierarchical feature fusion[J]. Gene expression patterns,2022,45:119266.

[83] JIN K,WEI Z Q,YANG A,et al. SwiniPASSR:swin transformer based parallax attention network for stereo image super-resolution[C]//2022 IEEE/CVF Conference on Computer Vision and Pattern Recognition Workshops (CVPRW). New Orleans,2022:919-928.

[84] MA C X,YAN B,TAN W M,et al. Perception-oriented stereo image super-resolution[C]//Proceedings of the 29th ACM International Conference on Multimedia. Virtual Event China,2021:2420-2428.

[85] CHU X J,CHEN L Y,YU W Q. NAFSSR:stereo image super-resolution using NAFNet[C]//2022 IEEE/CVF Conference on Computer Vision and Pattern

Recognition Workshops (CVPRW). New Orleans,2022:1238-1247.

[86] YANG Q X, WANG L, YANG R G, et al. Stereo matching with color-weighted correlation, hierarchical belief propagation, and occlusion handling [J]. IEEE transactions on pattern analysis and machine intelligence,2009,31(3):492-504.

[87] 范海瑞,杨帆,潘旭冉,等.一种改进 Census 变换与梯度融合的立体匹配算法[J].光学学报,2018,38(2):267-277.

[88] YANG Q X. A non-local cost aggregation method for stereo matching[C]//2012 IEEE Conference on Computer Vision and Pattern Recognition. Providence, 2012: 1402-1409.

[89] HIRSCHMÜLLER H. Stereo processing by semiglobal matching and mutual information [J]. IEEE transactions on pattern analysis and machine intelligence,2008,30(2):328-341.

[90] 曾灿灿,任明俊,肖高博,等.基于贝叶斯推理的多尺度双目匹配方法[J].光学学报,2017,37(12):263-271.

[91] 祝世平,李政.基于改进梯度和自适应窗口的立体匹配算法[J].光学学报,2015,35(1):123-131.

[92] 翟振刚.立体匹配算法研究[D].北京:北京理工大学,2010.

[93] 李培玄,刘鹏飞,曹飞道,等.自适应权值的跨尺度立体匹配算法[J].光学学报,2018,38(12):248-253.

[94] 周佳立,陈育,吴超,等.基于标签化匹配区域校正的双目立体匹配算法[J].模式识别与人工智能,2020,33(8):681-691.

[95] WANG X F, WANG H K, SU Y Y. Accurate belief propagation with parametric and non-parametric measure for stereo matching[J]. Optik,2015,126(5):545-550.

[96] GONG M L, YANG Y H. Fast unambiguous stereo matching using reliability-based dynamic programming [J]. IEEE transactions on pattern analysis and machine intelligence,2005,27(6):998-1003.

[97] BRANDAO P, MAZOMENOS E, STOYANOV D. Widening Siamese architectures for stereo matching[J]. Pattern recognition letters,2019,120:75-81.

[98] TULYAKOV S, IVANOV A, FLEURET F, et al. Practical deep stereo (PDS): toward applications-friendly deep stereo matching [C]//Proceedings of the 32nd International Conference on Neural Information Processing Systems, 2018: 5875-5885.

[99] POGGI M, PALLOTTI D, TOSI F, et al. Guided stereo matching[C]//2019 IEEE/CVF Conference on Computer Vision and Pattern Recognition (CVPR). Long Beach, 2019:979-988.

[100] SHELHAMER E, LONG J, DARRELL T. Fully convolutional networks for semantic segmentation[J]. IEEE transactions on pattern analysis and machine intelligence, 2017,39(4):640-651.

[101] ZHAO H S, SHI J P, QI X J, et al. Pyramid scene parsing network[C]//2017 IEEE Conference on Computer Vision and Pattern Recognition (CVPR). Honolulu,2017:

6230-6239.

[102] YANG M K, YU K, ZHANG C, et al. DenseASPP for semantic segmentation in street scenes[C]//2018 IEEE/CVF Conference on Computer Vision and Pattern Recognition. Salt Lake City, 2018:3684-3692.

[103] FU J, LIU J, TIAN H J, et al. Dual attention network for scene segmentation[C]//2019 IEEE/CVF Conference on Computer Vision and Pattern Recognition (CVPR). Long Beach, 2019:3141-3149.

[104] 张哲晗.基于编解码卷积神经网络的遥感图像分割研究[D].合肥:中国科学技术大学,2020.

[105] BADRINARAYANAN V, KENDALL A, CIPOLLA R. SegNet: a deep convolutional encoder-decoder architecture for image segmentation[J]. IEEE transactions on pattern analysis and machine intelligence, 2017, 39(12):2481-2495.

[106] HE J J, DENG Z Y, ZHOU L, et al. Adaptive pyramid context network for semantic segmentation[C]//2019 IEEE/CVF Conference on Computer Vision and Pattern Recognition (CVPR). Long Beach, 2019:7511-7520.

[107] PENG C, ZHANG X Y, YU G, et al. Large kernel matters: improve semantic segmentation by global convolutional network[C]//2017 IEEE Conference on Computer Vision and Pattern Recognition (CVPR). Honolulu, 2017:1743-1751.

[108] HAN K, WANG Y H, TIAN Q, et al. GhostNet: more features from cheap operations[C]//2020 IEEE/CVF Conference on Computer Vision and Pattern Recognition (CVPR). Seattle, 2020:1577-1586.

[109] CHANG J R, CHEN Y S. Pyramid stereo matching network[C]//2018 IEEE/CVF Conference on Computer Vision and Pattern Recognition. Salt Lake City, 2018: 5410-5418.

[110] LU H H, XU H, ZHANG L, et al. Cascaded multi-scale and multi-dimension convolutional neural network for stereo matching[C]//2018 IEEE Visual Communications and Image Processing (VCIP). Taichung, 2018:1-4.

[111] RAO Z B, HE M Y, DAI Y C, et al. MSDC-net: multi-scale dense and contextual networks for stereo matching[C]//2019 Asia-Pacific Signal and Information Processing Association Annual Summit and Conference (APSIPA ASC). Lanzhou, 2019:578-583.

[112] ZHU Z D, HE M Y, DAI Y C, et al. Multi-scale cross-form pyramid network for stereo matching[C]//2019 14th IEEE Conference on Industrial Electronics and Applications (ICIEA). Xi'an, 2019:1789-1794.

[113] LI J K, WANG P S, XIONG P F, et al. Practical stereo matching via cascaded recurrent network with adaptive correlation[C]//2022 IEEE/CVF Conference on Computer Vision and Pattern Recognition (CVPR). New Orleans, 2022:16242-16251.

[114] ZHAO H L, ZHOU H Z, ZHANG Y J, et al. High-frequency stereo matching network[C]//2023 IEEE/CVF Conference on Computer Vision and Pattern

Recognition (CVPR). Vancouver,2023:1327-1336.

[115] ZAGORUYKO S, KOMODAKIS N. Learning to compare image patches via convolutional neural networks[C]//2015 IEEE Conference on Computer Vision and Pattern Recognition (CVPR). Boston,2015:4353-4361.

[116] LUO W J, SCHWING A G, URTASUN R. Efficient deep learning for stereo matching[C]//2016 IEEE Conference on Computer Vision and Pattern Recognition (CVPR). Las Vegas,2016:5695-5703.

[117] WANG Y,ZHOU Q,LIU J,et al. Lednet:a lightweight encoder-decoder network for real-time semantic segmentation[C]//2019 IEEE International Conference on Image Processing (ICIP). Taipei,2019:1860-1864.

[118] CHO S I, KANG S J. Gradient prior-aided CNN denoiser with separable convolution-based optimization of feature dimension [J]. IEEE transactions on multimedia,2019,21(2):484-493.

[119] IOANNOU Y, ROBERTSON D, CIPOLLA R, et al. Deep roots: improving cnn efficiency with hierarchical filter groups[C]//IEEE Conference on Computer Vision and Pattern Recognition. Honolulu,2017:1231-1240.

[120] RADFORD A,METZ L,CHINTALA S. Unsupervised representation learning with deep convolutional generative adversarial networks [C]//4th International Conference on Learning Representations,ICLR 2016-Conference Track Proceedings,Palais des Congrès Neptune,2016:1-16.

[121] YAN T M, GAN Y Z, XIA Z Y, et al. Segment-based disparity refinement with occlusion handling for stereo matching[J]. IEEE transactions on image processing:a publication of the IEEE signal processing society,2019,28(8):3885-3897.

[122] YIN Z C,DARRELL T,YU F. Hierarchical discrete distribution decomposition for match density estimation[C]//2019 IEEE/CVF Conference on Computer Vision and Pattern Recognition (CVPR). Long Beach,2019:6037-6046.

[123] MAYER N, ILG E, HÄUSSER P, et al. A large dataset to train convolutional networks for disparity, optical flow, and scene flow estimation[C]//2016 IEEE Conference on Computer Vision and Pattern Recognition (CVPR). Las Vegas, 2016:4040-4048.

[124] PANG J H, SUN W X, REN J S, et al. Cascade residual learning: a two-stage convolutional neural network for stereo matching[C]//2017 IEEE International Conference on Computer Vision Workshops (ICCVW). Venice,2017:878-886.

[125] SHAKED A,WOLF L. Improved stereo matching with constant highway networks and reflective confidence learning[C]//2017 IEEE Conference on Computer Vision and Pattern Recognition (CVPR). Honolulu,2017:6901-6910.

[126] MAO W D, WANG M J, ZHOU J, et al. Semi-dense stereo matching using dual CNNs[C]//2019 IEEE Winter Conference on Applications of Computer Vision (WACV). Waikoloa,2019:1588-1597.

[127] SONG X, ZHAO X, HU H W, et al. EdgeStereo: a context integrated residual pyramid network for stereo matching[C]//Asian Conference on Computer Vision. Cham: Springer, 2019: 20-35.

[128] SONG X, ZHAO X, FANG L J, et al. EdgeStereo: an effective multi-task learning network for stereo matching and edge detection [J]. International journal of computer vision, 2020, 128(4): 910-930.

[129] KENDALL A, MARTIROSYAN H, DASGUPTA S, et al. End-to-end learning of geometry and context for deep stereo regression [C]//2017 IEEE International Conference on Computer Vision (ICCV). Venice, 2017: 66-75.

[130] LIANG Z F, FENG Y L, GUO Y L, et al. Learning for disparity estimation through feature constancy [C]//2018 IEEE/CVF Conference on Computer Vision and Pattern Recognition. Salt Lake City, 2018: 2811-2820.

[131] LIANG Z F, GUO Y L, FENG Y L, et al. Stereo matching using multi-level cost volume and multi-scale feature constancy[J]. IEEE transactions on pattern analysis and machine intelligence, 2021, 43(1): 300-315.

[132] JIE Z Q, WANG P F, LING Y G, et al. Left-right comparative recurrent model for stereo matching[C]//2018 IEEE/CVF Conference on Computer Vision and Pattern Recognition. Salt Lake City, 2018: 3838-3846.

[133] ZHANG G H, ZHU D C, SHI W J, et al. Multi-dimensional residual dense attention network for stereo matching[J]. IEEE access, 2019, 7: 51681-51690.

[134] ZHANG F H, PRISACARIU V, YANG R G, et al. GA-net: guided aggregation net for end-to-end stereo matching [C]//2019 IEEE/CVF Conference on Computer Vision and Pattern Recognition (CVPR). Long Beach, 2019: 185-194.

[135] GU X D, FAN Z W, ZHU S Y, et al. Cascade cost volume for high-resolution multi-view stereo and stereo matching [C]//2020 IEEE/CVF Conference on Computer Vision and Pattern Recognition (CVPR). Seattle, 2020: 2492-2501.

[136] YANG J Y, MAO W, ALVAREZ J M, et al. Cost volume pyramid based depth inference for multi-view stereo [C]//2020 IEEE/CVF Conference on Computer Vision and Pattern Recognition (CVPR). Seattle, 2020: 4876-4885.

[137] XU H F, ZHANG J Y. AANet: adaptive aggregation network for efficient stereo matching [C]//2020 IEEE/CVF Conference on Computer Vision and Pattern Recognition (CVPR). Seattle, 2020: 1956-1965.

[138] CHABRA R, STRAUB J, SWEENEY C, et al. StereoDRNet: dilated residual StereoNet [C]//2019 IEEE/CVF Conference on Computer Vision and Pattern Recognition (CVPR). Long Beach, 2019: 11778-11787.

[139] XU G W, WANG X Q, DING X H, et al. Iterative geometry encoding volume for stereo matching[C]//2023 IEEE/CVF Conference on Computer Vision and Pattern Recognition (CVPR). Vancouver, 2023: 21919-21928.

[140] CHEN L Y, WANG W H, MORDOHAI P. Learning the distribution of errors in

stereo matching for joint disparity and uncertainty estimation[C]//2023 IEEE/CVF Conference on Computer Vision and Pattern Recognition (CVPR). Vancouver, 2023:17235-17244.

[141] ZHANG F H,QI X J,YANG R G,et al. Domain-invariant stereo matching networks [C]//European Conference on Computer Vision. Cham:Springer,2020:420-439.

[142] LIU B Y,YU H M,QI G D. GraftNet:towards domain generalized stereo matching with a broad-spectrum and task-oriented feature[C]//2022 IEEE/CVF Conference on Computer Vision and Pattern Recognition (CVPR). New Orleans, 2022: 13002-13011.

[143] ZENG J X,YAO C T,YU L D,et al. Parameterized cost volume for stereo matching [C]//2023 IEEE/CVF International Conference on Computer Vision (ICCV). Paris,2023:18301-18311.

[144] LI X,FAN Y Y,LV G Y,et al. Area-based correlation and non-local attention network for stereo matching[J]. The visual computer,2022,38(11):3881-3895.

[145] XU G W,CHENG J D,GUO P,et al. Attention concatenation volume for accurate and efficient stereo matching[C]//2022 IEEE/CVF Conference on Computer Vision and Pattern Recognition (CVPR). New Orleans,2022:12971-12980.

[146] RAO Z B,XIONG B S,HE M Y,et al. Masked representation learning for domain generalized stereo matching[C]//2023 IEEE/CVF Conference on Computer Vision and Pattern Recognition (CVPR). Vancouver,2023:5435-5444.

[147] CHANG T Y,YANG X,ZHANG T Z,et al. Domain generalized stereo matching via hierarchical visual transformation[C]//2023 IEEE/CVF Conference on Computer Vision and Pattern Recognition (CVPR). Vancouver,2023:9559-9568.

[148] SONG T,KIM S,SOHN K. Unsupervised deep asymmetric stereo matching with spatially-adaptive self-similarity[C]//2023 IEEE/CVF Conference on Computer Vision and Pattern Recognition (CVPR). Vancouver,2023:13672-13680.

[149] SHI L Q,XIONG T P,CUI G S,et al. Multi-scale inputs and context-aware aggregation network for stereo matching[J]. Multimedia tools and applications, 2024,83:75171-75194.

[150] CHUAH W Q,TENNAKOON R,HOSEINNEZHAD R,et al. ITSA:an information-theoretic approach to automatic shortcut avoidance and domain generalization in stereo matching networks[C]//2022 IEEE/CVF Conference on Computer Vision and Pattern Recognition (CVPR). New Orleans,2022:13012-13022.

[151] ZHANG J W,WANG X,BAI X,et al. Revisiting domain generalized stereo matching networks from a feature consistency perspective[C]//2022 IEEE/CVF Conference on Computer Vision and Pattern Recognition (CVPR). New Orleans,2022:12991-13001.

[152] 厉行,樊养余,郭哲,等.基于边缘领域自适应的立体匹配算法[J].电子与信息学报, 2024,46(7):2970-2980.

[153] YU F,KOLTUN V. Multi-scale context aggregation by dilated convolutions[C]//

International Conference on Learning Representations. Caribe Hilton,2016:1-13.

[154] DUTA I C,LIU L,ZHU F,et al. Pyramidal convolution:rethinking convolutional neural networks for visual recognition[EB/OL]. 2020:arXiv:2006. 11538. http://arxiv. org/abs/2006. 11538.

[155] DAI J F,QI H Z,XIONG Y W,et al. Deformable convolutional networks[C]//2017 IEEE International Conference on Computer Vision (ICCV). Venice,2017:764-773.

[156] SCHÖPS T, SCHÖNBERGER J L, GALLIANI S, et al. A multi-view stereo benchmark with high-resolution images and multi-camera videos[C]//2017 IEEE Conference on Computer Vision and Pattern Recognition (CVPR). Honolulu,2017:2538-2547.

[157] WANG Y Q,WANG L G,YANG J G,et al. Flickr 1024:a large-scale dataset for stereo image super-resolution[C]//2019 IEEE/CVF International Conference on Computer Vision Workshop (ICCVW). Seoul,2019:3852-3857.

[158] GEIGER A,LENZ P,URTASUN R. Are we ready for autonomous driving? The KITTI vision benchmark suite[C]//2012 IEEE Conference on Computer Vision and Pattern Recognition. Providence,2012:3354-3361.

[159] MENZE M,GEIGER A. Object scene flow for autonomous vehicles[C]//2015 IEEE Conference on Computer Vision and Pattern Recognition (CVPR). Boston,2015:3061-3070.

[160] YAO S S,LIN W S,ONG E P,et al. Contrast signal-to-noise ratio for image quality assessment[C]//IEEE International Conference on Image Processing. Genova,2005.

[161] 狄红卫,刘显峰. 基于结构相似度的图像融合质量评价[J]. 光子学报,2006,35(5):766-771.

[162] LAI W S,HUANG J B,AHUJA N,et al. Deep Laplacian pyramid networks for fast and accurate super-resolution[C]//2017 IEEE Conference on Computer Vision and Pattern Recognition (CVPR). Honolulu,2017:5835-5843.

[163] MISRA D, NALAMADA T, ARASANIPALAI A U, et al. Rotate to attend:convolutional triplet attention module[C]//2021 IEEE Winter Conference on Applications of Computer Vision (WACV). Waikoloa,2021:3138-3147.

[164] SHI W Z,CABALLERO J,THEIS L,et al. Is the deconvolution layer the same as a convolutional layer? [J]. Arxiv e-prints,2016:1609. 07009.

[165] MUKKAMALA M,HEIN M. Variants of rmsprop and adagrad with logarithmic regret bounds[C]//International Conference on Machine Learning. Sydney,2017:2545-2553.

[166] BUTLER D J,WULFF J,STANLEY G,et al. A naturalistic open source movie for optical flow evaluation[C]//12th European Conference on Computer Vision, Florence,2012.

[167] ZHANG Y F,FAN Q L,BAO F X,et al. Single-image super-resolution based on rational fractal interpolation[J]. IEEE transactions on image processing:a publication of

the IEEE signal processing society,2018,27(8):3782-3797.

[168] YANG G R,ZHAO H S,SHI J P,et al. SegStereo:exploiting semantic information for disparity estimation[C]//European Conference on Computer Vision. Cham: Springer,2018:660-676.

[169] ŽBONTAR J,LECUN Y. Computing the stereo matching cost with a convolutional neural network[C]//2015 IEEE Conference on Computer Vision and Pattern Recognition(CVPR). Boston,2015:1592-1599.

[170] XU B,XU Y H,YANG X L,et al. Bilateral grid learning for stereo matching networks[C]//2021 IEEE/CVF Conference on Computer Vision and Pattern Recognition(CVPR). Nashville,2021:12492-12501.

[171] WANG Q,SHI S H,ZHENG S Z,et al. FADNet:a fast and accurate network for disparity estimation[C]//2020 IEEE International Conference on Robotics and Automation(ICRA). Paris,2020:101-107.

[172] GUO X Y,YANG K,YANG W K,et al. Group-wise correlation stereo network [C]//2019 IEEE/CVF Conference on Computer Vision and Pattern Recognition (CVPR). Long Beach,2019:3268-3277.

[173] 王泽思.基于插值和样例的超分辨率图像处理算法的研究[D].金华:浙江师范大学,2014.

[174] GIRSHICK R. Fast R-CNN[C]//2015 IEEE International Conference on Computer Vision(ICCV). Santiago,2015:1440-1448.

[175] RAO Z B,HE M Y,DAI Y C,et al. NLCA-Net:a non-local context attention network for stereo matching[J]. APSIPA transactions on signal and information processing,2020,9(1):1-13.

[176] SANG H W,WANG Q H,ZHAO Y. Multi-scale context attention network for stereo matching[J]. IEEE access,2019,7:15152-15161.

[177] SCHUSTER R,UNGER C,STRICKER D. A deep temporal fusion framework for scene flow using a learnable motion model and occlusions[C]//2021 IEEE Winter Conference on Applications of Computer Vision(WACV). Waikoloa,2021:247-255.

[178] YU L D,WANG Y C,WU Y W,et al. Deep stereo matching with explicit cost aggregation sub-architecture[J]. Thirty-second AAAI conference on artificial intelligence,2018,32(1):7517-7524.

[179] QIN X B,ZHANG Z C,HUANG C Y,et al. BASNet:boundary-aware salient object detection[C]//2019 IEEE/CVF Conference on Computer Vision and Pattern Recognition(CVPR). Long Beach,2019:7471-7481.

[180] WANG Q L,WU B G,ZHU P F,et al. ECA-net:efficient channel attention for deep convolutional neural networks[C]//2020 IEEE/CVF Conference on Computer Vision and Pattern Recognition(CVPR). Seattle,2020:11531-11539.

[181] ŽBONTAR J,LECUN Y. Stereo matching by training a convolutional neural network to compare image patches[J]. Journal of machine learning research,2016,17:1-32.